BIBLIOTHÈQUE MORALE

DE

LA JEUNESSE

PUBLIÉE

AVEC APPROBATION

2e SÉRIE IN-8o

Ne faites jamais gronder personne pour moi, mon ami.

(Études agricoles.)

ÉTUDES

AGRICOLES

PAR J. VITAL

ROUEN

MEGARD ET Cie, LIBRAIRES-EDITEURS

1872

APPROBATION.

—

Les Ouvrages composant la **Bibliothèque morale de la Jeunesse** ont été revus et **ADMIS** par un Comité d'Ecclésiastiques nommé par SON ÉMINENCE MONSEIGNEUR LE CARDINAL-ARCHEVÊQUE DE ROUEN.

Avis des Éditeurs.

Les Éditeurs de la **Bibliothèque morale de la Jeunesse** ont pris tout à fait au sérieux le titre qu'ils ont choisi pour le donner à cette collection de bons livres. Ils regardent comme une obligation rigoureuse de ne rien négliger pour le justifier dans toute sa signification et toute son étendue.

Aucun livre ne sortira de leurs presses, pour entrer dans cette collection, qu'il n'ait été au préalable lu et examiné attentivement, non-seulement par les Éditeurs, mais encore par les personnes les plus compétentes et les plus éclairées. Pour cet examen, ils auront recours particulièrement à des Ecclésiastiques. C'est à eux, avant tout, qu'est confié le salut de l'Enfance, et, plus que qui que ce soit, ils sont capables de découvrir ce qui, le moins du monde, pourrait offrir quelque danger dans les publications destinées spécialement à la Jeunesse chrétienne.

Aussi tous les Ouvrages composant la **Bibliothèque morale de la Jeunesse** sont-ils revus et approuvés par un Comité d'Ecclésiastiques nommé à cet effet par SON ÉMINENCE MONSEIGNEUR LE CARDINAL-ARCHEVÊQUE DE ROUEN. C'est assez dire que les écoles et les familles chrétiennes trouveront dans notre collection toutes les garanties désirables, et que nous ferons tout pour justifier et accroître la confiance dont elle est déjà l'objet.

ÉTUDES AGRICOLES.

I.

La distribution des prix venait de finir dans une des meilleures institutions de Rouen ; parmi les élèves le plus souvent nommés, on avait surtout applaudi deux frères, Henri et Emile Gérard, qui, dans deux classes différentes, l'avaient emporté sur tous leurs condisciples.

— Es-tu content de nous, père ? demanda Emile, en déposant sa dernière couronne près d'un homme, jeune encore, sur le visage duquel se lisait la plus douce émotion.

— Je suis plus heureux de vos succès que vous-mêmes, mes enfants, répondit-il, en s'efforçant de retenir ses larmes. Mon bonheur serait complet, si votre bonne mère avait pu le partager.

— Avant une heure nous serons auprès d'elle, dit Henri, et je suis sûr qu'elle te rappellera la promesse que tu nous as faite à la rentrée.

— Je ne l'ai pas oubliée, mon ami, et je suis tout disposé à la tenir. Je dois vous faire visiter une ferme-modèle dirigée par l'un de mes bons camarades.

— Ainsi nous partirons bientôt pour les Ormes? demanda Emile.

— Dès demain; et nous emmènerons ta sœur, qui a mérité comme vous une récompense.

— Ah! tant mieux. C'est une joie sur laquelle nous ne comptions pas, s'écria Emile en faisant sonner deux gros baisers, deux baisers d'écolier, sur les joues d'une jeune fille assise auprès de son père.

— Papa savait combien vous avez travaillé, dit-elle; il a écrit à M. Leclerc, qui doit venir nous attendre à Fécamp.

Le domestique de M. Gérard arrivait avec sa voiture dans la cour de l'institution; les enfants y montèrent, le père prit les rênes, et bientôt Henri aperçut sa mère, qui, penchée à une fenêtre, dévorait la route du regard.

Mme Gérard n'avait point assisté à la distribution des prix, parce qu'elle ne pouvait quitter une parente âgée et malade, qui refusait obstinément de recevoir d'autres soins que les siens. Elle courut au-devant de ses fils, et elle jeta un cri de joyeuse surprise en les voyant chargés de livres et de couronnes.

M. et Mme Gérard s'étaient efforcés de bien élever leurs enfants ; ils leur avaient inspiré de bonne heure la crainte de Dieu, le respect de l'autorité qu'ils exerçaient sur eux en son nom, et l'amour du travail, qui est un devoir pour tous les âges. Ils retiraient le fruit de leurs sages enseignements : Emile et Henri étaient d'excellents élèves en même temps que des fils tendres et soumis, et il eût été difficile de trouver une jeune fille plus douce, plus modeste, plus aimable que leur sœur Léonie.

Il y avait longtemps qu'on n'était plus obligé de stimuler par l'appât des récompenses l'ardeur des deux frères pour l'étude ; l'aîné avait dix-sept ans ; le plus jeune, seize ; et pour continuer à bien travailler, ils n'avaient pas eu besoin de se rappeler que leurs vacances seraient agréablement employées, si leur père était content d'eux ; mais ils y avaient pensé souvent, et ils se faisaient une fête d'aller passer quelques semaines aux Ormes, magnifique ferme qui appartenait à M. Leclerc, le meilleur ami de leur famille.

Ce voyage d'ailleurs ne devait pas être sans utilité. M. Gérard, qui avait une filature de coton, se proposait de la garder jusqu'à ce que l'aîné de ses fils pût la faire valoir; il désirait que l'autre se choisît une profession, et les goûts d'Emile paraissant le porter vers la vie des champs, il jugeait à propos de la lui faire voir de près.

Le reste d'une journée si heureuse fut employé aux préparatifs du départ, qui devait avoir lieu le lendemain de bon matin. Tout en emballant les livres, les albums qu'on voulait emporter, on parlait de la ferme et de ses habitants. M. Leclerc était un homme très-distingué sous tous les rapports : il avait fait de bonnes études, et il ne trouvait pas qu'elles lui eussent été inutiles.

— Il a, disait M. Gérard à ses fils, toute la simplicité, toute la bonhomie d'un paysan et toute l'amabilité d'un homme du monde. Cela n'est pas aussi rare que vous pourriez le croire, depuis que l'agriculture a fait des progrès et qu'on apprécie à leur valeur les services qu'elle rend au pays. Autrefois, mes amis, le laboureur ne raisonnait pas, il repoussait toute innovation. Se bornant à suivre les traditions bonnes ou mauvaises, il entr'ouvrait péniblement la terre, lui confiait des semences, et attendait de la fertilité naturelle du sol un produit qui lui faisait souvent défaut. Il n'en est plus de même. La culture est l'objet d'une étude approfondie; elle appelle à son aide la physique, la chimie, la mécanique; on en a fait une industrie dont les opérations multiples demandent un grand savoir et un jugement solide. Cependant l'agriculture est encore en retard dans un trop grand nombre de contrées; mais le département de la Seine-Inférieure est entré franchement dans la voie du progrès; le conseil général, appréciant les efforts et l'intelligence de nos cultivateurs, a eu la bonne idée de charger d'excellents professeurs de répandre l'instruction agricole dans les campagnes. Les conférences de ces professeurs ont introduit une foule d'améliorations précieuses. M. Leclerc se fera un plaisir de vous faire un petit cours de culture, tout simple, tel que vous puissiez bien comprendre les ressources et les exigences de cet art. Je dois cependant vous avertir que sa ferme, située en plein pays de Caux, dans le canton de Fécamp, n'est pas un établissement ordinaire. M. Leclerc disposait d'une fortune assez considérable, qui lui a permis de l'organiser d'une manière complète. Les fermiers, au contraire, sont forcés de tirer parti de bâtiments d'exploitation mal construits, mal distribués. Ils sont souvent tenus par les conditions de leur bail à suivre un assolement nuisible aux intérêts de tous. Mais, en général, la terre est bien soignée dans la partie du pays de Caux que nous visiterons; chacun y réalise tous les progrès compatibles avec ses ressources, et a surtout le bon esprit d'imiter toutes les méthodes qu'il voit réussir chez ses voisins. Aussi serez-vous étonnés du revenu que l'on tire d'exploitations d'une étendue relativement peu considérable. L'intelligence, l'ordre, le travail assurent aux cultivateurs cauchois une honnête aisance. C'est plaisir de les voir, élégamment vêtus, se rendre dans des voitures confortables, traînées par des chevaux de luxe, au marché de Fécamp, de Goderville ou de Valmont, accompagnés de dames qui ont remplacé le costume traditionnel des maîtresses de ferme par les créations capricieuses de la mode.

— Oui, dit Léonie, Mme Leclerc est toujours mise avec beaucoup de goût. Chaque fois qu'elle venait voir Marie à la pension, les élèves les plus coquettes admiraient sa toilette et ses manières aisées, tandis qu'elles critiquaient beaucoup de riches dames dont les vêtements de couleurs mal assorties sentaient le village d'une lieue.

— On sait donc critiquer et se moquer dans les pensionnats de demoiselles ? demanda Henri.

— Je t'en réponds. C'est une vraie persécution pour les pauvres filles dont les parents prêtent au ridicule. L'année dernière, une élève que j'aimais beaucoup est partie pour ne pas entendre à chaque instant railler sa mère.

— J'espère, Léonie, dit Mme Gérard, que tu ne t'es jamais permis rien de semblable.

— Oh ! non, maman ; mais j'étais bien aise pour Marie que sa mère fût tout à fait présentable.

— M'aimerais-tu donc moins, si j'étais une vraie paysanne ?

— Tu sais bien que non, chère maman ; d'ailleurs ce ne sont pas les vraies paysannes qui donnent de la besogne aux langues moqueuses, ce sont celles qui ne veulent pas l'être, et qui font pour cela des efforts aussi maladroits qu'inutiles.

— C'est un travers, j'en conviens, reprit Mme Gérard ; mais chacun a les siens ; aussi l'indulgence est un devoir pour tout le monde, et je vous engage, mes enfants, à ne jamais l'oublier.

La veillée se prolongea jusqu'à dix heures : Emile et Henri étaient si joyeux de se retrouver au sein de leur famille, et ils avaient tant de choses à conter à leur mère, qui ne devait pas les accompagner.

Cependant ils étaient debout le lendemain bien avant le jour, tant ils craignaient de manquer le premier train. Léonie ne se fit pas non plus attendre. Sept heures sonnaient quand la locomotive les emporta en jetant dans les airs son sifflement aigu.

Tandis que certaines villes paraissent s'engourdir et restent stationnaires, d'autres prennent un accroissement rapide et se transforment en peu de temps. M. Gérard et ses fils avaient fait quelques années auparavant une visite à la famille Leclerc. Ils avaient dû quitter le chemin de fer et accomplir dans une voiture incommode un trajet de vingt-quatre kilomètres ; aussi furent-ils enchantés d'arriver en wagon jusqu'à l'extrémité du bassin.

La voie qui serpente dans le vallon des Petits-Ifs coupe une côte par une tranchée profonde, plonge sous les rues, et décrit sa dernière courbe au milieu de la Retenue.

Nos voyageurs descendirent de voiture tout près de la Levée, sur un immense remblai où s'élèvent de vastes magasins.

Ils remarquèrent une foule de constructions nouvelles, et prirent un vif plaisir à voir les wagons glisser près des navires, sur les rails qui s'étendent le long des quais.

M. Leclerc les attendait là, avec sa fille, qui avait voulu venir au-devant de Léonie. M. Gérard présenta ses fils ; on échangea des baisers, des questions et mille témoignages d'amitié.

— Trêve de compliments, dit enfin M. Leclerc. Montons vite en voiture ; nous causerons chemin faisant et nous ne ferons pas trop attendre ma femme, qui prépare le dîner. Nous gagnerons en outre un temps précieux ; car pour nous surtout, le temps c'est de l'argent. Les seigles sont bas, et le blé attend les faucheurs ; une grande partie de ma petite fortune est dehors, exposée au soleil et aux orages ; je dois avoir l'œil partout, mais ma surveillance seule est nécessaire. J'aurai donc le loisir d'initier vos enfants aux connaissances élémentaires que tout le monde devrait posséder. Ils me suivront à travers champs, nous causerons en nous promenant; ce qui est bien la plus agréable manière et la plus instructive façon de causer.

Le dîner était prêt; on se mit à table aussitôt. On pense bien que le beurre récemment battu, les œufs frais, la crème la plus délicate, y tinrent une place honorable, à la grande joie des nouveaux venus.

Après le dîner, M. Leclerc invita ses jeunes amis à le suivre, pour voir en détail une ferme cauchoise.

— Mon bon Gérard, dit-il, et vous, ma chère Léonie, vous avez besoin de repos ; si vous le voulez bien, la maîtresse — comme nous disons, nous autres paysans — vous tiendra compagnie, pendant que nous courrons les champs.

II.

La ferme des Ormes doit son nom à une magnifique avenue d'arbres séculaires qui y conduit et qui appartenait à un château détruit en 1793. Les beaux ormes ont été épargnés, et ils contribuent à donner bon air aux constructions toutes neuves et d'ailleurs fort bien disposées de cette belle ferme.

La maison de maître et les bâtiments d'exploitation enceignent un vaste parallélogramme dont le côté nord est occupé par la maison, et les côtés est et ouest par les écuries, les étables, la bergerie, la grange, les remises, etc.

La porte principale est placée au sud, au milieu d'une claire-voie soutenue par un mur d'appui. Deux petites portes de service existent de chaque côté, entre l'habitation et les dépendances qui en sont éloignées de vingt mètres. On ne peut pas entrer dans cette enceinte sans être vu; la surveillance est facile sur tous les points.

Les constructions s'élèvent au milieu d'un vaste verger, planté de pommiers à cidre et de quelques grands poiriers, enclos par une levée de terre garnie d'une double rangée d'arbres de haut jet, qu'on appelle fossé dans le pays. Cette dernière disposition, commune à toutes les *masures* du pays de Caux, a été indiquée par les conditions climatériques de cette contrée, soumise à l'action des vents qui soufflent de la mer. Ces masses de verdure, disséminées dans une campagne accidentée, offrent un charmant coup d'œil.

Aux Ormes, on a planté en outre, à l'extérieur, une ligne de sapins de Normandie qui abritent la cour en tout temps.

Émile et Henri admirèrent l'ordre qui régnait partout. L'écurie et la bergerie étaient veuves de leurs hôtes habituels; mais de superbes vaches, aux mamelles gonflées de lait, mangeaient à des râteliers bien garnis. Des poules, des dindons, picoraient çà et là, des pigeons roucoulaient sur les toits, des oisillons sifflaient des airs joyeux sur les hautes branches, et un magnifique paon — le luxe des fermes cauchoises — étalait avec orgueil les couleurs variées de ses longues plumes.

A quelques pas de la ferme, les faucheurs abattaient le blé , ramassé aussitôt par des femmes ; des ouvriers en formaient des gerbes, en réunissaient un certain nombre en faisceaux, puis les coiffaient d'une gerbe renversée. Cet assemblage figurait une cabane ronde, surmontée d'un toit conique.

Tous travaillaient avec ardeur, sans relâche ; car il fallait se hâter et profiter du beau temps pour mettre les récoltes à l'abri d'un changement atmosphérique. La sueur ruisselait sur leurs fronts en gouttes colorées par le soleil couchant. Ils chantaient pourtant de vieilles chansons naïves, apprises aux générations nouvelles par les générations éteintes.

C'est que les ouvriers des campagnes acceptent leur lourde tâche comme un devoir. Ils demandent à Dieu leur pain de chaque jour en suivant la grande loi du travail; ils n'ignorent pas que l'homme a été mis sur la terre pour la féconder au prix de ses sueurs, et, comme s'ils sentaient ce que la société entière attend de leurs fatigues, ils accomplissent simplement et avec joie le travail qui couvre le sol de splendides moissons.

Tandis que nos promeneurs parcouraient les champs et pénétraient dans un taillis voisin, le jour avait disparu; la lune montrait déjà son disque argenté sur l'horizon. Le vent et les oiseaux se taisaient; on n'entendait plus que le chant des grillons et la voix des moissonneurs Mais l'heure du repos était venue, et M. Leclerc l'annonça à ses ouvriers.

Comme la moisson est une fête pour ces hommes laborieux, ils improvisèrent une ronde dans la cour, après avoir pris leur repas. On eût dit que la fatigue de la journée ne comptait pas. Il fallut que le maître leur rappelât qu'il était tard et qu'on devait se lever de grand matin.

Cette gaîté fit le plus grand plaisir à nos jeunes gens; car, en voyant les moissonneurs courbés vers la terre, sous un soleil ardent, ils s'étaient sentis émus de pitié. Ils comprirent alors que l'habitude peut rendre supportables les plus durs travaux. Tous jouissaient d'ailleurs d'une robuste santé, d'un excellent appétit, et ils n'auraient pas goûté dans des lits moelleux un meilleur sommeil que sur la paille fraîche où ils allaient étendre leurs membres fatigués.

La soirée était magnifique; mais M. Gérard, sachant que le maître avait besoin de repos, comme ses ouvriers, donna le signal de la retraite. Mme Leclerc installa ses hôtes dans de jolies petites chambres, simplement et convenablement meublées; et comme elle avait eu l'attention de faire placer une seconde couchette dans celle de Marie, Léonie n'eut pas le regret de se séparer de son amie.

Tout dormait depuis longtemps à la ferme, que les deux jeunes filles causaient encore.

— Tu dois être bien heureuse ici, disait Léonie. Si j'y demeurais avec toi, je ne regretterais pas la ville.

— C'est toi seule que je regrette, répondit Marie, car il n'y a pas d'existence plus douce et plus agréable que la mienne.

Elle lui fit le détail de ses occupations, puis on entama le grand chapitre de l'avenir ; et de projets en projets, les deux amies en vinrent à l'espoir de se réunir pour ne plus se quitter.

Quand Léonie s'éveilla, Marie avait déjà préparé le café et dressé le couvert, pendant que sa mère pétrissait une délicieuse galette, et que son père réglait le travail de la journée.

— Nous allons commencer dès aujourd'hui notre cours d'agriculture, dit-il aux deux jeunes gens. Je vous ai promis de vous donner une idée exacte de cet art ; je le ferai simplement, en écartant soigneusement tous les termes scientifiques. A vous, après cela, d'acquérir les connaissances nécessaires pour bien vous rendre compte de l'influence du climat, des constitutions diverses du sol, des combinaisons chimiques qui se forment dans les engrais et au sein de la terre. Il nous faudrait une année entière pour aborder toutes ces questions. Je ne ferai certainement pas de vous des cultivateurs ; mais j'espère vous faire connaître suffisamment les ressources de l'agriculture pour vous engager à l'étudier d'une manière sérieuse. Si vous ne choisissez pas cette profession, vous serez du moins à même de donner des indications utiles aux hommes pratiques auxquels l'étude a fait défaut. Si vous vous fixiez jamais dans l'une de ces parties de la France, trop nombreuses encore, où d'immenses étendues de terre sont entièrement perdues pour la production, vous pourriez dire ce que vous avez vu chez nous et engager à nous imiter.

Je dois vous dire avant tout comment je me suis fait laboureur.

Mon père, mort jeune encore, m'a laissé soixante hectares de terre — cette terre même que nous visitons — et une somme assez importante dont il me fallut déterminer l'emploi. J'achevai alors mes études, en les complétant par des cours de chimie et de physique. Après de mûres réflexions, je crus ne pouvoir mieux faire que d'exploiter moi-même le domaine paternel. Pour me préparer à la profession que je choisissais librement, je passai deux années dans une ferme dirigée par un ami de ma famille; j'acquis là les connaissances nécessaires pour commencer mon œuvre.

Les bâtiments de la ferme étaient vieux, mal distribués, mal aérés; je résolus de les reconstruire en entier; et j'en arrêtai le plan, après avoir fait choix du meilleur emplacement.

L'habitude que l'on a dans le pays de séparer en de grandes divisions les diverses parties de l'exploitation me parut bonne, en ce qu'elle expose moins aux risques d'un incendie; je l'adoptai, mais avec quelques modifications. Ainsi, au lieu de tracer une seule cour énorme, de jeter les constructions çà et là, je formai une enceinte de bâtiments et de murs peu élevés, entourée elle-même par un vaste verger. J'y trouvai l'avantage de rendre la surveillance facile, en faisant de la sorte exécuter toutes les opérations intérieures sous mes yeux.

La maison s'éleva sur de grandes caves; le plancher du rez-de-chaussée fut posé à un mètre du sol, et les chambres occupèrent le premier étage. J'évitai ainsi la dépense des celliers, si incommodes et si difficiles à défendre contre la gelée, les interminables toitures des habitations basses qui, outre qu'elles occupent une étendue de terre considérable, sont très-malsaines et à peu près inhabitables. J'eus donc, pour une dépense égale, une habitation très-saine, très-confortable, que mes voisins appellent un château.

En général, les bâtiments où l'on enferme les bestiaux sont trop petits et privés d'air. Je me gardai bien de suivre un si mauvais exemple; j'en calculai les dimensions sur le nombre de bêtes qu'ils devaient contenir; j'eus soin surtout de leur donner une hauteur suffisante. Chacun d'eux possède une citerne recevant l'eau de pluie qui tombe sur les toits, recouverts de tuiles dures et légères. Nous ne manquons donc jamais d'une eau saine et abondante, que les gens de service puisent à l'aide de pompes bien établies.

Je vous dirai plus tard les détails d'aménagement dans lesquels il m'a fallu entrer, et je vous en ferai sentir l'importance, en énumérant les soins qu'il faut donner aux bestiaux.

Outre la charretterie — que je fis avec raison plus grande que je ne le croyais nécessaire — le four, le pressoir, etc., je laissai libre un bout de bâtiment dont je n'avais pas déterminé l'emploi. Bien m'en a pris; car j'y ai établi une fabrique d'alcool de betterave, qui m'a permis d'augmenter le nombre de mes bestiaux; et vous verrez combien cela est important.

La *fumière* a paru médiocrement vous intéresser; elle m'a cependant coûté de grands soins. Cette masse, dégoûtante pour les citadins, étant la véritable richesse du cultivateur, doit être l'objet d'études constantes et d'efforts soutenus.

Puis, tout cela réglé à l'avance, avec le soin qu'on apporte à l'établissement d'une fabrique, je procédai à l'examen du sol sur lequel je devais opérer. Je ne me suis mis à l'œuvre qu'après m'être rendu compte de sa composition.

Mes soins ont été bien payés; car mes granges reçoivent les plus belles récoltes du pays. Je puis le dire sans être taxé d'orgueil; car je n'oublie pas d'en remercier Dieu, qui a créé la terre, les végétaux, les animaux dont je tire parti, et qui m'a donné l'intelligence nécessaire pour mener mon œuvre à bien. Je n'oublie pas non plus que je dois à la prévoyance de mon père d'avoir pu réaliser tout d'un coup des améliorations qui, sans cela, auraient exigé ma vie entière.

Je me fais aussi un devoir de me rappeler qu'une part du superflu du riche appartient au pauvre ; qu'il faut tendre une main secourable à l'homme probe et laborieux qui est impuissant à écarter les atteintes de la misère.

Ces préceptes, mes amis, resteront gravés dans vos cœurs. Vous les mettrez en pratique, lorsque vous aurez aussi à vous créer une carrière. Je souhaite que, comme moi, préférant la campagne à la ville, vous demandiez à notre mère nourricière l'aisance dont elle se montre prodigue envers ceux qui la lui demandent par un travail intelligent; et je le souhaite parce que je suis persuadé que le bonheur est là.

III.

Le lendemain, pendant la plus grande chaleur du jour, M. Leclerc, assis à l'ombre d'un gros noyer, entretint ses jeunes amis de la composition du sol, des conditions nécessaires à sa fécondité. M. Gérard, qui tenait à la main un journal, le laissa tomber sur ses genoux, et les deux jeunes filles, qui travaillaient avec Mme Leclerc à la confection d'un filet, prêtèrent aussi une grande attention aux paroles du fermier.

La croûte du globe se compose de roches, de nature diverse, dont les parties les plus exposées aux influences de l'air se sont désagrégées et forment ce que l'on appelle le sol arable, qui lui-même repose sur ce sous-sol. La première couche, renfermant des débris de végétaux accumulés depuis des siècles, forme l'*humus* ou *terreau*, sur lequel la pluie, la neige, les vents déposent des principes salins, facilement assimilables par les plantes, dont ils hâtent la végétation.

La nature du sol varie donc d'une contrée à l'autre. Je vais énumérer brièvement les diverses parties qui le constituent dans notre pays.

L'*argile* provient de la décomposition des roches schisteuses; elle est très-compacte, se divise difficilement, et retient si bien l'eau, qu'on l'emploie pour garnir les parois des *mares*, sorte de réservoirs très-usités dans les plaines cauchoises. Elle se contracte en se desséchant, devient très-dure et offre de larges crevasses. Les plantes placées dans un pareil terrain végéteraient à peine. Il faut, pour l'utiliser, exécuter, comme aux environs de Londres, des travaux très-coûteux.

Le *sable* ou *silice* donne un sol léger; il ne retient pas l'eau et se laisse traverser par ce liquide comme un crible. Ce terrain, séchant très-promptement sous l'action des rayons du soleil, garde trop peu d'humidité pour que les plantes y conservent leur vigueur.

Les falaises, formant sur le littoral une grande levée, qui s'oppose aux envahissements de la vague, offrent l'aspect de hautes murailles blanches, coupées par des bandes noires s'étendant horizontalement. La partie blanche est la *matière calcaire ;* la terre où elle domine s'échauffe difficilement.

Le mélange de ces divers éléments avec les débris organiques — l'humus ou terreau — produit un grand nombre de variétés de terrain, qui toutes réclament des engrais et des amendements étudiés.

Le sol le plus propre à la grande culture est le sol *argilo-sableux,* celui enfin où le sable s'associe à l'argile dans une proportion suffisante pour en corriger les défauts. Les cultivateurs le désignent sous le nom de terre à blé ; il convient en effet à cette plante céréale. C'est le fond sur lequel j'opère ; et pour en augmenter encore la fertilité, j'ai dû y répandre une certaine quantité de matière calcaire ou *marne.*

L'utilité du marnage dans un grand nombre de cas était bien constatée dès la plus haute antiquité, si, comme on l'assure, les Gaulois en connaissaient les effets et en faisaient usage. Bernard de Palissy, homme d'un grand savoir, a écrit au XVIe siècle un traité sur les avantages de cette pratique.

Il est facile chez nous de se procurer de la marne. Il faut d'abord choisir sur l'exploitation un endroit dont l'accès soit facile. On creuse un puits cylindrique et on le continue jusqu'à ce que l'on rencontre la couche calcaire exploitable. On pratique alors des *chambres* en retirant des moellons qui sont amenés à la surface à l'aide d'un *treuil*, manœuvré par deux hommes.

L'air, la gelée agissent sur ces pierres tendres, jetées en quantité déterminée sur les champs, les délitent, les désagrégent; elles ne forment plus qu'une matière ténue qui se mélange intimement avec la terre. On établit ainsi une juste proportion entre les éléments du sol, puisqu'on ajoute le calcaire à l'argile, au sable et au terreau.

Les semences confiées à un champ nouvellement défriché et ainsi préparé germent et se développent très-bien; mais si l'on continuait à lui confier les mêmes espèces, comme les plantes épuiseraient promptement les principes dont elles ont besoin pour croître, solidifier leurs tiges, former leurs graines, la terre s'en trouverait bientôt dépouillée, et ces mêmes végétaux qu'elle nourrissait si bien refuseraient d'y croître après quelques années.

Les espèces différentes exigeant toutes une nourriture spéciale, si toutefois il est permis de s'exprimer ainsi, on doit donc y semer successivement des plantes diverses, et le sol reste fécond jusqu'à ce que les éléments nécessaires à chacune d'elles soient enfin épuisés.

Les anciens faisaient alterner les récoltes. Si je ne me trompe, Virgile parle dans ses *Géorgiques* de cette méthode, qui a dû être suivie en France. Mais, après de longues guerres, les bras manquant à la campagne, les terres épuisées refusant de produire, un Italien conseilla de laisser en friche, pendant plusieurs années, une partie de chaque domaine. La terre acquérant ainsi une fécondité nouvelle, cette indication fut regardée comme un véritable bienfait. C'est là, dit-on, l'origine de la jachère, en usage encore il y a peu d'années chez nous et conservée en trop d'endroits.

Voici ce qui s'opérait alors. Les pluies et la neige fournissaient à la terre les sels qui lui manquaient; les débris des végétaux poussant spontanément jonchaient le sol et lui rendaient du terreau. Tout cela formait donc, avec le temps, un engrais naturel.

Des observations bien faites ayant démontré cette action, on reconnut qu'il suffisait de répandre sur les champs et d'y enfouir une assez grande quantité de fumier pour que leur fertilité restât toujours la même.

Dès lors, tous les efforts des cultivateurs intelligents se dirigèrent sur la production, sur la fabrication même du fumier, et l'art agricole subit une véritable transformation.

Pour atteindre ce but, il fallut créer les assolements, c'est-à-dire déterminer d'avance quelles plantes devaient occuper successivement les divers points de l'exploitation, de manière à assurer la nourriture d'une quantité de bestiaux en rapport avec l'étendue des terres; car nous regardons les animaux comme de véritables machines à fumier.

Il ne suffisait pas de posséder des vaches et des moutons ; il fallait encore en tirer tout le parti possible, en les forçant à produire abondamment de la viande, du lait, de la laine. On a ainsi augmenté les ressources de l'alimentation et fourni au commerce des matières premières appropriées aux besoins de l'industrie.

L'objet principal de l'agriculture est la production des céréales. On nomme céréales les plantes qu'on moissonne, parce que, chez les anciens, Cérès était la déesse des moissons. Les principales sont le blé, le seigle, l'orge, l'avoine.

Ces précieuses plantes n'ont pas de profondes racines ; elles vivent pour ainsi dire à la surface du sol, sans avoir besoin, pour se développer, des sucs qui se trouvent dans les autres couches de terre. Il est donc bien facile de comprendre que si l'on semait longtemps des céréales dans le même champ, le sol s'appauvrirait, au point de ne plus donner qu'un grain médiocre et en très-petite quantité.

Les céréales ont en outre le défaut de salir la terre, en permettant aux mauvaises herbes de s'y développer librement.

Mais si l'on fait succéder à la culture du grain celle d'une plante qui s'enfonce profondément dans le sol, les couches supérieures se reposeront, et redeviendront propres à donner de belles récoltes de céréales.

La pomme de terre, la betterave, le navet, le

chou-rave, remplissent à merveille cette première condition ; ils ont en outre l'avantage d'exiger des binages et des sarclages qui nettoient le sol et le rendent plus meuble. Enfin, ces plantes servent à la nourriture du bétail, c'est-à-dire à la production de la viande et du fumier.

— Et à celle du lait, du beurre et du fromage, qui sont la grande ressource d'une ferme, dit Mme Leclerc. Si nous n'avions pas de ces bonnes racines à donner à nos vaches pendant l'hiver, l'herbe sèche qui serait leur seule nourriture ne nous fournirait que peu de lait.

— Cela est vrai, reprit M. Leclerc ; et c'est encore un avantage dont il faut tenir compte.

— Vous avez, dit Emile, de magnifiques champs de colza ; je suppose que vous ne le destinez pas à la nourriture du bétail.

— Pas tout à fait. J'en vendrai la plus grande partie, et nos vaches n'auront que les tourteaux de l'huile que je fabriquerai. La culture du colza est avantageuse ; elle met de l'argent dans la poche du fermier ; mais les plantes qui servent directement à nourrir les bestiaux valent encore mieux, parce qu'elles rendent à la terre les sucs qu'elles lui ont empruntés.

Le colza est une plante industrielle ; la pomme de terre, la rave, le navet, la carotte, sont des plantes fourragères ; la betterave est tout à la fois industrielle et fourragère. Elle sert à la fabrication du sucre, et laisse des résidus qu'on utilise pour la nourriture du bétail.

— Mais il faut dire, ajouta Mme Leclerc, que la pulpe de betterave donne au lait et au beurre un goût désagréable, tandis que la betterave crue n'a pas cet inconvénient.

— Je me réjouis d'aller visiter la laiterie, dit Léonie. C'est peut-être parce que je n'ai jamais mangé d'aussi bonne crème que chez vous.

— Rien ne vous empêche d'y aller tout de suite, ma chère enfant; et comme le soin de la laiterie ne regarde guère les hommes, j'emmènerai vos frères, s'ils veulent venir, distribuer à nos moissonneurs une ration de café.

— Volontiers, monsieur, dit Emile; mais vous me permettrez de vous demander pourquoi nous leur porterons du café plutôt que du cidre.

— Parce que le café est la meilleure de toutes les boissons, lorsqu'il fait très-chaud. Il ranime les forces, modère la transpiration, et l'on a remarqué en Algérie son heureuse influence sur la santé de nos soldats. On le fait assez léger pour qu'il ne coûte pas trop cher; les ouvriers, qui en reconnaissent les bons effets, le boivent avec plaisir.

Mme Leclerc et les deux jeunes filles descendirent à la laiterie.

— Qu'il fait bon ici! s'écria Léonie en y entrant.

— Il y fait frais, dit Mme Leclerc; cela est absolument nécessaire ; aussi la laiterie doit-elle, comme les caves, occuper le sous-sol. Celle-ci est placée sous la cuisine ; elle est préservée du froid en hiver, de la chaleur en été, par deux murailles bâties à cinquante centimètres l'une de l'autre. La fenêtre, percée au nord, comme vous le voyez, est fermée par deux châssis vitrés placés dans les deux murs, et l'entrée est aussi munie d'une double porte. Sans ces précautions, il serait impossible d'y entretenir une température à peu près égale en toute saison ; mais l'air étant un mauvais conducteur du calorique, la couche interposée entre les murailles s'échauffe et se refroidit difficilement ; elle sert donc à conserver à la laiterie le degré de chaleur convenable. Le thermomètre n'y marque pas, dans l'été, plus de treize degrés, dans l'hiver moins de neuf degrés au-dessus de zéro. Le sol est dallé de larges pierres dures posées sur un bain de ciment ; des lavages l'entretiennent dans le plus grand état de propreté ; une dépression de terrain a permis d'établir une rigole par laquelle l'eau s'écoule. Des tablettes de sapin sont placées sur tous les côtés.

Bien que, dans le pays de Bray, si renommé pour la fabrication du beurre, on ne lave jamais les laiteries, Mme Leclerc reconnut que cette précaution était nécessaire. On ne peut en effet, sans cela, se débarrasser de la mauvaise odeur que dégage le lait qui tombe parfois sur les dalles.

Or, toute odeur forte nuit à la qualité des produits.

Le lait est versé dans des vases en terre non vernissés, de forme évasée, qui sont posés sur des tablettes. Après quelque temps de repos, la partie *butyreuse*, plus légère que le *caséum* (la matière du fromage), s'élève lentement à la surface du liquide et forme une couche de crème, que l'on doit recueillir avant qu'elle soit devenue trop épaisse. Pour cela, on la lève délicatement avec une cuiller en évitant d'enlever du *caillé*. Cette crème est ensuite versée dans la baratte, dont la forme varie.

Un petit baril, dont l'ouverture était moins large que le fond, servit d'abord à battre le beurre. Un trou ménagé dans le couvercle mobile laissait passer une tige, dont l'extrémité inférieure portait un disque percé de plusieurs trous. On versait la crème dans le baril, et on levait et abaissait le disque jusqu'à la séparation complète du beurre. L'opération ainsi conduite était lente, très-fatigante, et donnait des résultats incertains.

On emploie presque généralement aujourd'hui une caisse à peu près cylindrique, placée horizontalement sur un fort bâtis. Un axe, muni de palettes et terminé par une manivelle, sert à mettre la crème en mouvement. Cette baratte est simple, facile à nettoyer. Elle opère bien, mais non d'une façon régulière, parce que les variations de température viennent souvent nuire à la séparation du beurre.

On a modifié assez heureusement cet instrument en le construisant en métal et en le plaçant dans une caisse où l'on verse, soit de l'eau chaude, soit de l'eau froide, pour obtenir le degré nécessaire selon la saison. En outre, la manivelle met en mouvement une roue dentée qui, agissant sur un pignon, donne à l'axe un mouvement plus rapide. C'est un véritable perfectionnement qui permet d'obtenir le beurre en vingt-cinq on trente minutes.

On se sert peu du thermomètre dans les fermes, parce que sans doute on ne connaît pas bien la valeur de ses indications. Cet instrument est cependant indispensable à qui veut obtenir constamment et rapidement d'excellent beurre. Or, un peu de soin et d'intelligence augmente le prix de ce produit dans une proportion considérable.

Aux Ormes, on emploie la baratte suédoise. C'est un cylindre, placé verticalement dans une forte charpente, au centre duquel est fixé un agitateur garni de lames métalliques, percées d'une grande quantité de trous. La tige porte un pignon qui reçoit l'action d'un engrenage mis en jeu par une manivelle; son mouvement étant très-rapide, le beurre est fait en quelques minutes.

Après avoir expliqué ce système, Mme Leclerc recueillit une certaine quantité de crème et la versa dans la baratte. Un domestique fit mouvoir la manivelle, et en cinq minutes le beurre se sépara du petit-lait. On le réunit alors en une masse qui, d'abord lavée à grande eau et pétrie, fut remaniée et repétrie jusqu'à ce qu'elle ne retînt plus la moindre trace de *sérum*, ou petit-lait.

— Contrairement, dit-elle, à l'usage général, je bats le beurre tous les jours ; car la crème conservée rancit et prend un goût désagréable. A l'aide de cette méthode, et grâce aussi à la propreté minutieuse de ma laiterie, j'obtiens un produit qui rivalise avec les beurres de la vallée de Bray et ceux de la Prévalaye.

Quelquefois, au lieu de laisser monter la crème, je verse le lait doux dans la baratte suédoise, qui agit tout aussi bien dans ce cas ; mais il faut plusieurs opérations pour séparer tout le beurre. Cependant, après un premier battage, le lait étant encore propre aux usages domestiques, j'en tire parti de cette manière ; ou bien le faisant cailler à l'aide de pressure, j'en confectionne des fromages communs, qui, frottés de sel et déposés à la cave pendant quelque temps, s'affinent et sont mangés avec plaisir par les ouvriers.

Comme nous tenons à ne rien faire au hasard, nous avons cherché à nous rendre compte de la richesse butyreuse du lait, afin de ne conserver que les vaches dont le lait nous donne la plus forte proportion de beurre, à quantité égale.

Un instrument fort simple, inventé par M. Marchand, chimiste à Fécamp, nous permet de nous livrer à cette appréciation, et je vais en faire l'expérience devant vous.

Le lacto-butyromètre de M. Marchand est un tube de verre jaugé avec soin et divisé en quatre parties égales. La partie supérieure est en outre subdivisée en fractions, répondant chacune, en raison de la capacité de l'instrument, à un gramme de beurre par litre de lait.

On verse d'abord du lait jusqu'à la première division, après l'avoir bien agité d'abord ; car, si on se contentait de le puiser dans un seau, il contiendrait toute la crème qui se serait déjà mise en mouvement pour se rendre à la surface. On ajoute une goutte de soude caustique ; ensuite on verse de l'éther jusqu'au deuxième degré ; on agite, puis on ajoute de l'alcool jusqu'au troisième trait, en mélangeant encore avec soin. Vous ne voyez plus qu'un liquide tirant sur le jaune pâle et un peu opaque.

Plongeons le tube dans de l'eau chauffée à quarante degrés, comme l'indique le thermomètre. Le beurre monte déjà ; il forme une couche d'un jaune prononcé et de consistance huileuse, pendant que le caséum se précipite au fond de l'instrument.

La séparation est complète. Nous n'avons plus à présent qu'à compter les degrés, pour nous convaincre que le lait essayé contient théoriquement quarante grammes de beurre. Nous savons donc que douze litres nous fourniront six cent quarante grammes de beurre; mais dans la pratique nous n'aurons pas tout à fait ce chiffre (1).

Le caillé et le lait de beurre ne sont pas perdus; on les emploie pour nourrir les veaux, les porcs, les volailles; parfois on en fait de la soupe, tout devant être mis à profit dans un établissement agricole.

Je faisais d'abord porter tout mon beurre au marché à l'état frais; ce qui, deux fois par semaine, occupait une femme; je n'envoie plus à Fécamp que le produit de trois jours. Le reste, pétri fortement, est passé dans une sorte de crible en métal, additionné d'une certaine quantité de sel bien sec et bien égrugé, que l'on mélange avec la masse en la maniant de nouveau; puis on le tasse dans des pots de grès et on le recouvre d'une couche de sel. Les pots sont ensuite coiffés avec un linge doublé d'un fort papier, et le beurre se conserve ainsi fort longtemps. Tout ce que je puis fabriquer est toujours vendu d'avance à un prix fort élevé.

Le lait subit parfois une singulière altération : il se recouvre d'un *mucor* qui s'étend en taches bleuâtres sur toute la surface de la crème; on le

---

(1) Le lacto-butyromètre est en usage dans beaucoup de fermes; on l'emploie dans les hôpitaux de Paris. Il se trouve chez MM. Clechs et Deroches, seuls autorisés par l'inventeur à le fabriquer.

désigne alors sous le nom de *lait bleu*. On a longtemps cherché la cause de cette altération sans pouvoir la trouver. Les habitants des campagnes l'attribuaient et l'attribuent encore aux maléfices des sorciers; les plus sages la pensaient produite par la malpropreté des laiteries, par le dégagement des mauvaises odeurs; et cet effet peut, je pense, avoir lieu. Enfin, M. Eugène Marchand a établi, par de bonnes observations, que la sécrétion du lait se trouvait altérée par l'ingestion dans l'estomac des vaches d'herbes dures, poussées sur un terrain privé de matières calcaires. Ainsi, dans le pays de Caux, toute terre où pousse l'oseille sauvage porte un pâturage qui donne presque à coup sûr du lait bleu. Or, on sait que la terre où croît l'oseille a besoin de marne; car cette plante nuisible ne se développe bien que dans les sols privés de craie. Il suffit donc d'y répandre de la marne pour éviter cet inconvénient grave. Toutefois, comme il faut, en attendant l'époque d'accomplir ce travail, combattre une affection fâcheuse, on donne à boire aux vaches une eau de son dans laquelle on écrase de la craie. Ce régime suffit pour faire disparaître le lait bleu.

On peut causer artificiellement le bleuissage du lait; mais alors la couleur, au lieu d'apparaître seulement sur la crème, se montre dans la masse même du caillé.

Léonie avait pris un très-grand plaisir à ces

explications ; elle avait voulu battre le beurre, le laver, le pétrir, et elle n'était point étonnée de ce que Mme Leclerc s'occupât elle-même des détails de la laiterie. Tout y était si propre, si bien tenu, il est vrai, il y régnait une fraîcheur si agréable, qu'il eût fallu être bien difficile pour n'en pas être charmé.

— Il est bien juste, dit en riant Mme Leclerc, que notre gentille laitière goûte le beurre qu'elle a façonné. Nous allons le servir au goûter, et ce sera Léonie qui en fera les honneurs à ces messieurs. Toi, Marie, tu vas prendre cette terrine de crème fraîche ; nous irons cueillir des fraises perpétuelles et nous préparerons pour ce soir un excellent dessert en écrasant les fraises sur un tamis et en les fouettant dans la crème, après y avoir ajouté du sucre.

— Tu verras, dit Marie, combien maman est habile à préparer d'excellentes friandises ; papa trouve qu'elle nous gâte, et c'est la vérité.

— Il y a beaucoup de ces friandises qui ne coûtent presque rien ; et quand une maîtrésse de maison ne craint pas de prendre un peu de peine, elle augmente le bien-être de son entourage, sans ajouter beaucoup à sa dépense. Le lait, la crème, les œufs, sont la base de ces petites préparations ; nous avons tout cela sous la main ; rien ne nous est plus facile que de l'employer. Si Léonie veut rester avec nous pendant toutes les vacances, je lui donnerai quelques leçons ; et quand elle nous quittera, je n'aurai plus rien à lui apprendre.

— Je le voudrais bien, madame, répondit Léonie ; mais papa compte repartir après-demain, et je dois l'accompagner.

— Si tu ne t'ennuies pas avec nous, dit Marie, je me charge d'obtenir que M. Gérard t'y laisse.

— Je crois d'ailleurs, mon enfant, ajouta Mme Leclerc, que le bon air des champs vous sera très-salutaire. Vous êtes déjà moins pâle que quand vous êtes arrivée; cette raison seule suffirait pour que votre bon père ne songeât point à vous emmener.

En effet, M. Gérard, à qui l'aimable Marie adressa le soir même sa requête, consentit de bonne grâce à s'en aller seul, quand Mme Leclerc lui eut promis d'aller passer huit jours chez lui avec sa fille, quand elle la reconduirait à la pension. Quant à ses fils, M. Leclerc, qui les aimait déjà beaucoup, déclara qu'il ne s'en séparerait qu'au dernier moment; il espérait que ces vacances, si agréables pour lui, ne seraient pas non plus sans fruit pour eux.

IV.

Toute la famille alla reconduire M. Gérard jusqu'à Fécamp. On ne se quittait pas pour longtemps; cependant Léonie ne put retenir ses larmes, et ses frères eurent besoin, pour ne pas pleurer aussi, de se rappeler qu'ils n'étaient plus des enfants. M. Leclerc lui-même était ému, en disant adieu à son ami; pour chasser le nuage de tristesse qui obscurcissait tous les fronts, il ne fallut rien moins que le grand spectacle de la mer et le retour d'une flottille de bateaux pêcheurs.

On ne rentra aux Ormes que le soir. M. Leclerc y trouva des vaches et des moutons achetés à la foire d'Yvetot, et qu'on lui avait amenés plus tôt qu'il ne les attendait. Il récompensa le berger d'avoir fait diligence, tout en ménageant le troupeau qui arrivait en très-bon état.

— Encore des bêtes, dit Léonie; il me semblait, monsieur Leclerc, que vous en aviez déjà beaucoup.

— Si j'en pouvais nourrir le double, répondit le fermier, je n'y manquerais pas. On n'en peut avoir trop, puisque ce sont les bêtes qui produisent le fumier, et que le fumier est indispensable pour que la terre produise des céréales, des racines et des plantes industrielles. Vouloir toujours récolter sans rien rendre au sol est une folie ruineuse; c'est en fumant largement mes champs que j'en obtiens des récoltes abondantes. Mais il ne suffit pas d'avoir des bestiaux; on doit les entretenir avec le plus grand soin. Il vaudrait encore mieux en avoir peu et les soigner convenablement que d'en avoir beaucoup et de les négliger. Pour bien nourrir le bétail, il en coûte; mais à le mal nourrir, on perd tout. Ce n'est pas d'ailleurs par là qu'on pèche généralement dans notre pays; tel fermier verra sans trop s'inquiéter languir sa femme et ses enfants; mais si ses bœufs ou ses chevaux sont malades, il ne négligera rien pour les guérir.

— Il y en a plus d'un, dit Marie, qui peut dire qu'il aimerait mieux voir mourir sa femme que ses bœufs.

— Cela est encore plus fréquent dans les pauvres contrées, où le paysan n'a que bien juste ce qu'il lui faut pour nourrir sa famille et son bétail. Nous sommes du nombre des favorisés; car notre sol est excellent et notre méthode de culture bien plus perfectionnée qu'elle ne l'est dans la plupart des autres départements.

Comme nous n'attelons pas les bœufs, nous sommes obligés d'élever et d'entretenir autant de chevaux que l'exige l'étendue de notre exploitation. Nous joignons aux chevaux des vaches, des moutons, quelques porcs, des poules, des pigeons, des dindons. Si j'avais une mare, je voudrais avoir aussi des canards; je n'en puis élever, puisque je n'ai que des citernes, et que les canards doivent barboter dans l'eau pour acquérir toutes leurs qualités.

Vous savez, mes amis, que le bœuf appartient à l'ordre des ruminants, c'est-à-dire qu'il partage avec divers animaux la faculté de faire passer dans une sorte de poche ou de réservoir une assez grande quantité d'aliments qu'il ramène ensuite dans sa bouche. Le bœuf ou la vache que vous voyez paître ne mange pas ; il cueille sa provision d'herbe, l'entasse dans son sac et va se coucher à l'ombre pour la mâcher à loisir.

C'est à ce puissant animal, qui donne libéralement à l'homme sa force, sa patience, et une viande substantielle, que l'agriculture est redevable de ses progrès.

Dans un grand nombre de contrées le bœuf traîne la charrue et les chariots. Sa marche est lente, mais régulière; il ne franchit pas, comme le cheval, les obstacles à l'aide d'un coup de collier, mais par un effort continu. Dans les terres fortes et tenaces il rend, comme bête de trait, des services inappréciables.

Comme nous attelons le cheval à la charrue, le bœuf nous fournit seulement de la viande et du fumier. Aussi le soumet-on à l'engraissement, lorsqu'il est encore jeune. N'utilisant pas sa force, nous n'attendons pas qu'il soit près de la perdre pour le livrer au couteau du boucher.

La vache offre en outre une ressource précieuse, son lait. Vous avez vu le parti que l'on peut en tirer. Il assure un bénéfice encore plus considérable aux fermiers peu éloignés des villes, qui le vendent en nature pour la consommation journalière.

Le cultivateur devant chercher à réaliser, dans le plus court délai possible, tout ce que ses bestiaux peuvent lui donner, la production du lait est une affaire importante, puisque sa vente fait rentrer chaque jour, ou au moins chaque semaine, une partie des dépenses faites pour l'entretien de la bête. On croirait donc de prime abord qu'il faut donner la préférence à toute vache fournissant beaucoup de lait, sans tenir compte de ses autres qualités ; il n'en est pas ainsi ; car si cette bête consomme beaucoup, s'engraisse difficilement, offre une forte charpente osseuse, si son lait, abondant d'abord, diminue rapidement, l'ensemble de l'opération ne procurera pas les bénéfices que l'on est en droit d'en attendre. Mieux vaut une vache dont la lactation, moins forte d'abord, soit plus durable, dont les os soient peu développés et qui prenne facilement la graisse.

Il faut donc choisir les races qui assurent ces divers avantages. Les Anglais ont produit des types précieux que l'on a su utiliser pour modifier les races que nous possédions déjà.

Pour eux, ils ont accompli de véritables prodiges : l'animal s'est en quelque sorte pétri et transformé sous leurs mains. Ils ont changé sa nature, se préoccupant surtout du *rost-beef* et sacrifiant toutes les parties moins recherchées. Ils ont produit des bêtes assez chargées de viande pour remplir presque exactement un cadre allongé, figure à laquelle ils ont plié leur conformation : ils ont raccourci les jambes, rapetissé la tête, supprimé même les cornes. Certainement ces vaches obèses, à membres courts, à fanon pendant, à tête menue, figureraient mal dans un tableau, et un peintre ne les prendra jamais pour modèle ; mais ce qui choque l'artiste charme à bon droit les yeux du cultivateur.

L'arrondissement du Havre possédait peu de bestiaux lorsque la Société d'Agriculture pratique s'est fondée à Goderville. Les travaux de cette Société, les récompenses qu'elle attribua aux bêtes bien conformées, ont appelé l'attention des cultivateurs sur les bons types reproducteurs. Elle introduisit en outre les taureaux dits de Durham, appartenant à l'une des races perfectionnées par l'industrie anglaise. Leur mélange avec les vaches normandes pures, qui avaient été conservées chez nous, donna d'excellents sujets dont l'aptitude à l'engraissement est remarquable. Dès lors, le nombre des bestiaux s'augmenta rapidement; et comme il fallait pourvoir à leur nourriture, on perfectionna l'ensemble des cultures.

J'ai adopté le croisement des Durham avec les normandes, et je m'en suis bien trouvé, parce que je tiens à livrer mes bêtes jeunes encore au boucher. Ceux qui se préoccupent seulement de la production du lait ont conservé avec raison le type normand dans toute sa pureté, ces vaches se faisant remarquer par une lactation abondante, sucrée, et par la quantité de beurre qu'elles donnent. Les croisés Durham réclament une alimentation riche et suivie; c'est en cela qu'ils nous ont rendu un grand service, puisque l'on s'est vu forcé à étendre, pour les entretenir en bon état, la culture des plantes sarclées. Vous saurez plus tard de quelle importance est ce fait en apparence si simple. Les contrées où l'agriculture est en retard ne pourraient pas élever cette intéressante variété. Là elle produirait peu et dégénérerait promptement. Il lui faut une bonne nourriture et des soins assidus.

Les explications que je viens de vous donner vous font comprendre pourquoi les uns ont vanté les croisements avec les Durham, tandis que les autres les ont dépréciés; tous avaient raison, et c'est le cas le plus ordinaire. On refuse de se rendre à l'évidence, parce que l'on ne tient compte que des faits qui frappent les yeux, sans examiner ce qui se passe un peu plus loin. Or, rien de dangereux en agriculture comme les fausses appréciations. Je connais plus d'un brave homme qui s'est ruiné en opérant à contre-sens. Ainsi en arriverait-il à celui qui voudrait nourrir nos vaches sur des landes.

Visitons donc de nouveau l'étable. Elle est divisée en deux compartiments : l'un est destiné aux vaches laitières, l'autre aux bêtes à l'engrais. Dans le premier j'ai fait établir des râteliers, dans la forme ordinaire : deux bêtes occupent une stalle de dimensions convenables; les mangeoires sont séparées par un petit réservoir que l'on a soin de toujours tenir plein d'eau. Le sol est pavé de briques dures posées de champ sur ciment ordinaire et jointoyées à ciment romain. L'inclinaison assez marquée de l'aire permet aux déjections liquides de couler jusqu'à un ruisseau aboutissant à une citerne. Vous remarquerez cette disposition dans les écuries et dans les bergeries. La devanture n'est pas formée par un mur plein, mais par de larges panneaux. Il suffit d'enlever ces panneaux pour transformer l'étable en un hangar bien aéré. Cette disposition était indispensable pour la méthode que je voulais suivre.

Les vaches sont ordinairement menées sur les champs où croissent les fourrages, destinés à être pâturés en vert. Une *longe* fixée au mufle porte à son extrémité une cheville en bois ou en fer, que l'on appelle *tiers;* on l'enfonce dans le sol à coups de maillet. La bête peut donc décrire, en paissant, un arc de cercle. On la change de place de temps à autre. Malgré tous les soins, une partie du fourrage est foulée et perdue; en outre, les déjections laissées sur le sol perdent leurs principes volatils par l'évaporation.

Pour parer à ces inconvénients, mes vaches restent à l'étable ouverte, et on leur apporte les plantes fauchées dans les champs. Laissées en tout temps sous un hangar où l'air circule librement, elles sont à l'abri des rayons du soleil; les mouches les tourmentent peu; elles ne souffrent jamais de la soif. Elles donnent ainsi une grande masse de fumier, et la lactation ne présente jamais d'irrégularités.

Dans l'hiver, il faut bien rétablir les clôtures; mais pour que la chaleur ne soit jamais trop forte, pour que l'air vicié se renouvelle constamment, je fais fonctionner des cheminées d'appel fort simples. Elles se composent de longues caisses de sapin partant du plafond et s'élevant à un mètre au-dessus du toit. Leur extrémité supérieure, terminée par un petit toit à quatre faces, est percée de chaque côté de trous allongés que ferment à charnières des volets agissant de haut en bas. Une tige de fer tient les deux volets opposés à demi ouverts. Lorsque le vent souffle, il ferme un des volets et ouvre l'autre; on évite ainsi les rafales qui contrarieraient le tirage.

Comme il est nécessaire de calculer le dégagement et le renouvellement de l'air, selon le degré de froid, chaque tuyau est muni à son orifice d'une trappe en forme de pyramide tronquée que l'on fait mouvoir à l'aide d'une corde passant sur des poulies, afin d'augmenter ou de diminuer à volonté l'ouverture du tuyau.

Je me sers non-seulement de paille pour les litières, mais j'emploie en même temps des fougères recueillies sur un coteau aride. Chaque jour on jette un peu de terre sur la litière et on la recouvre de paille et de fougère. La terre agit comme corps absorbant; et lorsqu'elle est foulée par les animaux, elle neutralise le dégagement des gaz. On enlève cette masse tous les quinze jours, et elle est portée sur la fumière, pour être traitée comme je vous l'indiquerai.

Les vaches et les bœufs à l'engrais sont, selon la méthode anglaise, placés dans des *box*, sorte de loges closes par une claire-voie. Les animaux peuvent ainsi se voir sans se toucher. Le sol de ces loges est creusé à un mètre de profondeur; la mangeoire et le râtelier se haussent et se baissent à volonté; en outre, pour que l'animal soit moins dérangé — car une tranquillité complète hâte l'engraissement — j'ai fait pratiquer un couloir derrière les mangeoires, et c'est par là qu'on leur donne la nourriture et l'eau.

Jeune bœuf, ou vache ayant donné du lait pendant plusieurs années, la bête entre dans cette fosse pour n'en sortir qu'au moment d'être menée à l'abattoir. On jette de la litière sous elle, et chaque jour on y ajoute de la terre et de la paille; ce tas foulé fortement par l'animal s'élève peu à peu, et l'absorption des gaz est si complète, qu'on ne sent pas cette odeur d'étable si nauséabonde pour qui n'y est pas habitué. Lorsque la vache est grasse, le trou est plein et renferme un cube d'excellent fumier. On le vide et l'on recommence une nouvelle opération.

Je nourris les bêtes à l'engrais avec des racines et des grains mélangés d'une certaine quantité de paille hachée, et je fais cuire d'abord grains et racines dans un appareil qui sert également à lessiver le linge. C'est un cuvier long dont le fond, percé de trous, s'applique exactement sur une chaudière où l'on met de l'eau. Ce cuvier reçoit les grains et les racines, coupées à l'aide d'un instrument. On allume le bois; l'eau s'échauffe, se réduit en vapeur et pénètre dans la masse, qui est bientôt cuite. Je fais distribuer aussi des rations composées de la même manière aux chevaux et aux moutons. J'y trouve l'avantage d'utiliser, pour la nourriture, une grande quantité de paille qui donne un bien meilleur fumier, lorsqu'elle a passé par le tube digestif des animaux et qu'elle s'est imprégnée des sucs gastriques.

Pour déterminer les bénéfices fournis par un

bœuf ou par une vache, il faut d'abord établir ce que l'animal a coûté en achat et en entretien, puis porter en regard ce qu'il a produit en fumier, en viande, en lait et en veaux. La différence entre ces deux chiffres constitue le bénéfice ou la perte.

Pour se rendre un compte exact des opérations d'une ferme, il est indispensable de tenir une comptabilité régulière et organisée sur le plan de celle des maisons de commerce. Sans une bonne comptabilité, le fermier est exposé à faire de fausses spéculations, des dépenses hasardées qui le mènent à sa ruine; avec elle, au contraire, il apprécie toujours bien les faits et abandonne à temps les mauvaises combinaisons.

L'ordre et l'économie amènent l'aisance; le désordre et l'incurie conduisent à la ruine.

Le bœuf est docile et patient, si docile et si patient, qu'on le regarde généralement comme un animal stupide. C'est bien à tort qu'on le juge ainsi; car il connaît son maître, s'attache à lui, lorsqu'il en est bien traité, connaît sa voix et s'anime au travail quand il l'encourage par de bonnes paroles ou par des chants.

Quant à nous, qui ne l'élevons que pour sa chair, nous ne pouvons apprécier ses qualités comme les agriculteurs qui l'emploient à creuser les sillons, à traîner les chariots; mais nous savons que la vache est sensible aux bons traitements, qu'elle se laisse traire plus volontiers par la main qui la nourrit que par toute autre. Nous savons aussi qu'elle aime ses compagnes, qu'elle s'ennuie quand elle en est séparée, qu'elle soigne son petit avec tendresse, et qu'elle fait entendre des beuglements de douleur quand on le lui enlève.

Au point de vue de l'alimentation, le bœuf donne d'excellents produits. L'agriculteur sème et récolte le blé avec lequel on fabrique le pain; mais le pain seul serait une bien frugale nourriture; la viande est le véritable aliment réparateur, et celle du bœuf tient le premier rang. L'agriculteur élève encore les animaux de boucherie; mais il n'en élève pas assez et il n'a pas toutes les connaissances nécessaires pour assurer le succès de ses soins. Le prix de la viande est trop élevé pour que tous ceux qui en auraient besoin puissent s'en procurer. On pose sans cesse le problème de la vie à bon marché; mais il n'a jamais été plus loin de sa solution, et je crois qu'on doit attribuer en grande partie l'insuffisance de la production à l'ignorance des cultivateurs.

Dans beaucoup de pays, on ne songe à engraisser les bœufs que quand un long travail les a presque mis hors de service; ils prennent alors difficilement la graisse et n'acquièrent jamais la qualité qu'ils auraient eue, s'ils avaient été livrés plus tôt à la boucherie. Tous les bœufs que nous vendons sont jeunes; s'il était d'usage en ce pays de les faire travailler, j'utiliserais leurs forces pendant une ou deux années seulement, et je les remplacerais par d'autres, que je ne garderais pas plus longtemps.

J'agis ainsi pour les vaches; je n'attends pas qu'elles soient vieilles pour les engraisser, et je m'en trouve bien. La chair d'un bon bœuf est très-estimée; celle d'une jeune vache grasse est tout aussi bonne, quoiqu'elle soit un peu plus serrée et d'un rouge moins vif; mais c'est le cas de dire que la couleur ne fait pas le goût. La qualité de la viande dépend aussi beaucoup de la manière dont elle est cuite, et il y a trop de femmes, dont l'instruction a été d'ailleurs très-soignée, qui ne savent pas même faire un pot-au-feu.

— Nous sommes encore bien ignorantes sur ce point, Léonie et moi, dit Marie, mais nous ne le serons pas toujours; car maman a déjà commencé de nous donner des leçons, et elle n'aura qu'à se louer de notre bonne volonté.

— Vous ne pourriez avoir une maîtresse plus habile; je puis dire que si tout prospère chez moi, c'est parce que ta mère gouverne le ménage avec autant de sagesse que d'intelligence. Il ne faut pas croire que le rôle de la femme soit nul dans une exploitation agricole; elle fait régner autour d'elle l'ordre, l'abondance, le bien-être; elle utilise ce que beaucoup d'autres laisseraient perdre, et tire un excellent profit des ressources les plus médiocres. Elle doit se faire aimer et respecter de ses domestiques, parce qu'elle les traite avec justice et bonté; elle reprend les uns, encourage les autres; et par une continuelle surveillance elle prévient des fautes, des négligences, un gaspillage qui, à la longue, deviendraient très-préjudiciables.

Mais ce ne sont pas seulement les intérêts de la maison qu'elle sauvegarde; elle en assure la paix; car elle inspire à tous une généreuse émulation, en donnant l'exemple du travail, de la fidélité au devoir, de la charité chrétienne qui nous oblige à nous aimer les uns les autres, puisque maîtres et serviteurs sont les enfants d'un même Père.

Nous ne changeons presque jamais de domestiques; plusieurs de ceux que vous voyez habitent la ferme depuis qu'elle est construite; il leur semble qu'ils y sont chez eux; et quand ils disent nos champs, nos prés, nos bêtes, ils tiennent à tout cela comme s'ils en avaient une partie. Il est vrai que je les intéresse à la prospérité de l'exploitation par des primes qui, à la longue, leur forment un petit pécule. Ainsi les valets d'écurie ont une gratification pour chaque tête de bétail vendue; les laboureurs, par cent gerbes de grains. Les servantes ont aussi leurs profits sur les volailles grasses, sur les poulets qu'elles élèvent, sur le beurre et les œufs qu'on porte au marché. Ces gratifications souvent répétées forment chaque année un chiffre assez rond.

Quoique plusieurs de mes voisins prétendent que ma libéralité n'a pas le sens commun, je suis persuadé que mon intérêt me le conseillerait, quand ce ne serait pas une réelle satisfaction pour moi de faire plaisir à ces braves gens dont le travail m'enrichit.

C'est encore à ma chère femme que je dois d'avoir établi cet usage, qui, loin de gâter les domestiques, comme on me le reproche quelquefois, les anime à bien faire et les empêche d'être jaloux de la prospérité de leurs maîtres. Les nôtres nous sont dévoués; mais ils savent aussi qu'ils peuvent compter sur notre affection : ils sont bien couchés, bien nourris; on s'occupe de leur linge, de leurs vêtements; lorsqu'ils sont malades, ils reçoivent les mêmes soins que s'ils étaient de la famille.

— Les bons maîtres font les bons serviteurs, dit Léonie; si les vôtres étaient mauvais, ils feraient preuve d'une révoltante ingratitude.

— Ce que vous venez de nous dire, monsieur Leclerc, ajouta Emile, nous le savions déjà; il n'y a pas un de vos gens qui ne fasse votre éloge; aussi, quand je serai fermier, si je le suis un jour, je ne manquerai pas de suivre en tout votre exemple. C'est un si grand bonheur d'être aimé de ceux auxquels on commande.

— Revenons à nos moutons, dit M. Leclerc en riant; car le mouton est, avec le bœuf, la principale richesse de l'agriculteur. Avec ces deux animaux, on pourrait, à la rigueur, se passer des autres; le bœuf servirait aux travaux des champs, la vache donnerait son lait, et le mouton nous fournirait, outre sa chair, comme le bœuf, la vache et le veau, sa laine, dont nous pourrions nous faire des vêtements.

Les moutons paissant dans la campagne ne ressemblent guère à ceux dont parlent les poëtes. Brebis d'un blanc de lait, menées par des bergères en robe de satin et soignées par des bergers en bas de soie, n'ont jamais existé que sur les dessus de porte peints par Boucher ou par ses imitateurs.

Les pâtres, il est vrai, tirent parfois quelques sons d'un flageolet ou d'un petit hautbois — la musette traditionnelle ; — ils font entendre trois ou quatre notes coulées et répétées sans cesse ; mais je ne les crois pas poëtes. Ils négligent la science de la versification pour la confection des gros tricots de laine.

Les bergers ont longtemps passé pour habiles dans la sorcellerie, et cette superstition n'est pas tout à fait détruite. On doit aux anciens Chaldéens, peuples de pasteurs, des notions sur la marche des astres. Les bergers de nos jours peuvent aussi, passant de longues heures dans la campagne, observer une foule de phénomènes et acquérir des connaissances qui étonnent les ignorants. De là à les tenir pour sorciers, il n'y avait qu'un pas; quand on passait devant eux, on se découvrait, de peur de s'attirer quelques maléfices. Aujourd'hui, on est moins crédule, et le berger a perdu de son prestige. C'est un bonhomme plein de sollicitude pour son troupeau, rendant de grands services, quand on a soin de lui donner des notions d'hygiène appliquée aux moutons. Ses habitudes d'observation et de réflexion lui dictent parfois de bonnes reparties : ses bons mots tiendraient des volumes.

A l'état de liberté, le mouton sait suffire à ses besoins, se sauver d'un danger; il montre une force et une agilité dont on ne le croirait pas capable. Il vit en troupe nombreuse; car son instinct le fait éminemment sociable.

Habitué aux soins de l'homme, le mouton est lourd et stupide : il n'a conservé que l'habitude de se serrer contre ses compagnons et de suivre un chef de file. Il n'en est, il est vrai, que plus facile à conduire : un seul homme, aidé d'un chien, peut diriger un troupeau nombreux.

Où un mouton a passé, tous les autres passeront, quand le premier serait tombé dans une rivière ou dans un précipice. S'il s'agit de franchir un obstacle et que celui qui tient la tête du troupeau s'y refuse, les autres l'imiteront, et le berger n'aura qu'un moyen de se faire obéir, ce sera de porter un mouton de l'autre côté; ses camarades iront alors le rejoindre.

En gagnant de la chair et une laine plus fine, le mouton est devenu une sorte de produit artificiel sujet à une foule de dégénérescences et à de nombreuses maladies. Il demande les soins les plus complets, la surveillance la plus attentive.

J'ai vu un fermier perdre en une saison un troupeau de deux cents bêtes, pour les avoir fait paître dans une prairie élevée et soi-disant sèche, dont le sous-sol est imperméable. Le drainage ou même quelques rigoles bien tracées auraient assaini le terrain ; on n'y avait pas pensé, et tout le troupeau fut détruit par la pourriture (cachexie aqueuse). Je dois ajouter cependant que, les bergeries étant trop basses et mal aérées, les moutons avaient contracté pendant l'hiver une disposition fâcheuse aux affections qui sont la conséquence d'une débilitation extrême.

Cette erreur d'entasser les animaux en les privant d'air sera bien difficile à détruire. On ne saurait trop s'élever contre une pratique aussi pernicieuse. Je le répète, dès que l'on met les bestiaux dans une pièce bien close et où l'on évite l'introduction de l'air extérieur, on supprime l'élément indispensable à la vie, l'air respirable, puisque la quantité de fluide comprise dans la capacité de l'appartement, étant bientôt dépouillée d'oxygène, devient impropre à la respiration. Dès que les animaux ainsi traités ressentent le moindre froid, ils n'ont plus la force de supporter ce changement et tombent malades. Souvent c'est la cause de la pourriture chez les moutons, et de la péripneumonie chez les bêtes à cornes, fléaux qui font subir de si grandes pertes aux cultivateurs.

Les bergeries de la ferme des Ormes se ferment comme les écuries, par de grands panneaux mobiles qui permettent de les transformer en hangars. La ventilation s'opère par les tuyaux d'appel, et l'on y entretient la propreté la plus minutieuse.

Mon troupeau est composé de mérinos purs; car je tiens à la finesse de la laine. Comme il n'est pas énervé par une trop grande chaleur, par un air rare et vicié, il passe sans accident de la bergerie au parc : méthode employée dans le pays et dont je vais vous expliquer les avantages.

Dès la belle saison, les moutons sont menés dans les champs pour y paître l'herbe ou les plantes qu'on leur destine. Mieux vaut cependant, pour les fourrages, ne pas les laisser brouter à leur fantaisie. Outre qu'une partie se trouve foulée et perdue, les feuilles humides peuvent produire un gonflement dangereux, la météorisation. J'ai donc fait établir des râteliers mobiles qu'on installe où l'on veut et dans lesquels on dépose les fourrages, coupés d'avance et suffisamment ressuyés.

On ne ramène plus le troupeau à la bergerie; mais on forme, à l'aide de claies ou de claires-voies soutenues par des perches arc-boutées sur le sol, une enceinte dans laquelle il entre à des heures désignées : c'est le *parc*. Là, les animaux déposent une *fumure* pénétrant dans la terre et se conservant d'autant mieux que le sol est fortement foulé par eux. Quand la fumure est complète, on change le parc de place : les moutons occupent par conséquent successivement toutes les parties du champ que l'on veut féconder. L'engrais énergique provenant des déjections des bêtes à laine est ainsi tout naturellement porté sur la terre, et l'exposition complète et prolongée du troupeau à l'air libre agit d'une manière heureuse sur sa santé.

On mène les moutons boire à la ferme l'eau salubre fournie par les citernes. Dans les temps humides, on distribue une petite ration de grain saturé de sel; le mouton en est très-friand, et cette nourriture le fortifie.

Comme produit, le mouton nous donne, outre un engrais précieux, une viande excellente et salubre, du suif en abondance, sa toison qui sert, selon son degré de finesse, à confectionner les tissus les plus grossiers et les étoffes les plus souples; sa peau, dont on fait des basanes, du parchemin; son estomac même, après avoir subi une préparation, est vendu par les tripiers; enfin, ses intestins sont employés pour la fabrication des cordes dites de boyaux.

Le mouton rend, comme on le voit, de grands services à l'alimentation et à l'industrie. Les Sociétés d'Agriculture cherchent avec raison à introduire dans chaque contrée des types en rapport avec les ressources dont on peut disposer.

Pendant près d'un siècle, on a fait, en France, d'inutiles efforts pour y acclimater le mouton mérinos; on avait fini par se persuader qu'il était impossible de doter notre pays de cette source de richesse, et l'on y avait renoncé ; mais le célèbre naturaliste Daubenton réussit où beaucoup d'autres avaient échoué, faute de lumières, et le mouton mérinos est maintenant très-répandu. Une nouvelle race, obtenue par les soins d'un agriculteur français, le mouton Mauchamp, fournit une laine beaucoup plus belle encore que celle du mérinos ; on la désigne sous le nom de cachemire indigène. Elle est très-longue, très-douce, et, en la mêlant avec le duvet des chèvres du Thibet, on en fabrique de fort beaux tissus.

— Pourquoi n'élevons-nous pas de ces moutons ? demanda Marie.

— Parce qu'ils exigent des soins que nous ne saurions pas leur donner, et que nous ne sommes pas assez riches pour faire des essais d'acclimatation.

— Est-ce donc avec cette laine qu'on fabrique les châles appelés cachemires français? dit Léonie.

— Le duvet des chèvres du Thibet entre seul dans la confection de ces beaux châles, comme dans celle des cachemires de l'Inde avec lesquels les nôtres peuvent rivaliser.

— Cependant, objecta Marie, le cachemire de l'Inde est beaucoup plus recherché que le cachemire français.

— Cela ne veut pas dire qu'il soit plus beau. A mon avis, il ne mérite pas cette préférence.

— Cher père, reprit en souriant la jeune fille,

tu me permettras de te demander si tu es bien bon juge en pareille matière.

— Je n'ai pas la prétention de substituer mon opinion aux caprices de la mode; je dis seulement qu'elle est injuste envers les produits de notre industrie; car le cachemire français est fabriqué avec la même matière que celui de l'Inde, et par les procédés les plus perfectionnés, tandis qu'en Asie, on file encore le cachemire au rouet, et on le tisse à l'aide d'un métier qui rappelle celui de nos tisserands. Quant aux dessins, le bon goût de nos artistes les a corrigés, sans toutefois en changer le type.

— D'ailleurs, ajouta Mme Leclerc, le châle de l'Inde se compose d'un certain nombre de morceaux, habilement recousus les uns aux autres, et le châle français sort d'une seule pièce de l'ingénieux métier inventé par Jacquard, pour les tissus ouvragés.

— Mais il doit être bien difficile de rajuster ces morceaux, dit Léonie; pourquoi s'en donne-t-on la peine?

— Pour deux raisons : la première, c'est que si un seul ouvrier était chargé de fabriquer un châle, en disposant des moyens aussi primitifs que ceux dont on se sert en Orient, il lui faudrait plusieurs années; la seconde, c'est que tous les mois, l'agent chargé de percevoir l'impôt sur la fabrication des châles fait couper tout ce qu'il y a d'achevé sur le métier, pour que cette portion soit estampillée après avoir acquitté un droit proportionnel à sa valeur.

— On a sans doute essayé aussi d'acclimater en France les chèvres du Thibet? demanda Emile.

— Oui; mais jusqu'à présent ces essais n'ont pas eu grand succès. On espère mieux réussir avec le temps pour la chèvre d'Angora, puisque les Anglais en ont déjà plusieurs troupeaux. Il est vrai que les Anglais sont plus habiles que nous dans l'art d'élever les animaux, de les perfectionner, de les multiplier, et même de modifier leurs formes et leurs proportions. Ainsi, en Angleterre, on fabrique, passez-moi ce mot, un mouton, un cheval, un bœuf, sur des mesures indiquées.

C'est en Angleterre aussi que les moutons ont donné d'abord des laines remarquables par leur longueur et leur finesse. En général, cette laine, qui se feutre difficilement, est employée à la fabrication des étoffes lisses et brillantes. Celle des mérinos donne les draps et les étoffes souples; mais il ne faut pas dédaigner la toison des moutons communs; car elle sert à la confection des gros draps et des solides tricots dont on fait usage dans les campagnes.

Entre les laines mérinos et les laines communes, l'industrie place les laines métis, dont elle sait aussi tirer bon profit.

Comme le bœuf, le mouton passe pour un animal stupide. Il est vrai qu'il ne sait pas se défendre, ni même se dérober par la fuite aux attaques de ses ennemis. Si un loup paraît au milieu d'un troupeau et que le berger ne soit pas à son poste, les moutons semblent d'abord menacer ce terrible adversaire, puis ils se sauvent à toutes jambes; mais bientôt ils s'arrêtent pour l'attendre et semblent s'offrir d'eux-mêmes à sa dent meurtrière.

Le mouton est indispensable à l'homme; mais c'est grâce aux soins de l'homme que cette utile race d'animaux se multiplie et se conserve. Abandonnée à elle-même, elle finirait par disparaître.

Voilà, mes amis, une leçon bien longue, dit M. Leclerc en se levant; mais nous nous reposerons demain, car c'est dimanche, et de plus c'est jour de fête. Allons, mesdemoiselles, il faut préparer vos plus belles toilettes, afin que nous soyons prêts à partir de bonne heure; car il y aura beaucoup de monde à la messe.

V.

Jamais on ne travaillait le dimanche à la ferme des Ormes. Il eût fallu l'absolue nécessité de rentrer les récoltes compromises par quelque menaçant orage, pour que domestiques et servantes courussent aux champs. Il en est d'ailleurs ainsi chez la plupart des cultivateurs du pays de Caux. La foi naïve, la confiance en Dieu, qui font supporter patiemment les labeurs et les privations, y sont conservées avec soin. On ne s'occupe ce jour-là que de la nourriture du bétail; encore prépare-t-on la veille le fourrage qui doit leur être distribué.

Beaucoup de communes ont même gardé de pieux usages transmis par la tradition : le pain bénit est offert à la Chandeleur par les femmes ; au 15 août, par les filles ; à la messe de minuit, par les garçons.

Cette dernière cérémonie s'accomplit avec une grande pompe. Le pain bénit, posé sur une civière, est orné de rubans, de branches d'arbres verts, et entouré des garçons, portant une houlette, parfois une peau de mouton sur l'épaule. Un jeune homme, placé à l'entrée du chœur, chante les premiers mots d'un vieux cantique conviant les bergers à venir adorer le Seigneur : le chœur lui répond du bas de l'église, et ils s'avancent l'un vers les autres pour mêler leurs voix et rendre grâces à Dieu.

Cela se passe à la lueur des cierges et de centaines de petites chandelles formant autour de l'église un cordon scintillant de points lumineux ou figurant une étoile.

Tous les dimanches, les serviteurs de la ferme des Ormes se rendaient à la messe de leur paroisse, et ils y voyaient leur maître et leur maîtresse, la maison demeurant, en leur absence, sous la garde d'un brave garçon qui, ayant une jambe de moins, ne pouvait faire le trajet assez long de la ferme à l'église.

Ce n'était pas sans raison que M. Leclerc avait engagé, la veille, sa fille et Léonie à préparer leurs plus beaux habits ; car elles devaient assister à une grande fête.

Quand il avait bâti les Ormes, l'église du village, trop petite d'ailleurs pour la population, commençait à tomber en ruines ; mais la commune n'ayant que peu de ressources, on n'y faisait que d'indispensables réparations. Le digne curé qui la desservait depuis de longues années n'avait pas manqué de s'adresser à M. Leclerc, pour qu'il contribuât par tous les moyens possibles à ce qu'une autre église remplaçât celle où l'on ne venait plus qu'en tremblant.

Le nouveau propriétaire des Ormes obtint un secours du gouvernement, organisa une souscription, en tête de laquelle il s'inscrivit pour une somme considérable, et, devenu maire de la commune, il réussit à faire élever une église modeste, mais assez vaste pour que chacun y pût trouver place.

Un des grands soucis de Marie, pendant l'année qu'elle venait de passer à Rouen, avait été de savoir si l'église serait achevée assez tôt pour être bénite au moment des vacances ; car elle éprouvait un vif désir d'assister à cette cérémonie. Qu'on juge de sa joie, puisqu'elle pouvait la partager avec sa meilleure amie !

Chacun s'était mis au service du bon curé pour décorer le nouveau temple du Seigneur. Des rameaux verdoyants, des couronnes, des guirlandes de mousse et de fleurs, des gerbes d'épis en ornaient l'intérieur, et de jeunes arbres, assez largement arrosés pour conserver leur fraîcheur, avaient été transplantés sur la plate-forme où s'élevait l'édifice.

Marie devait quêter ; elle céda cet honneur à Léonie, et M. Leclerc, ceint de l'écharpe municipale, conduisit la jeune fille, dont les assistants admirèrent à l'envi la grâce et la modestie.

Après le discours du vicaire général qui présidait à la cérémonie, le digne curé félicita ses paroissiens de leur zèle, remercia le maire, les conseillers municipaux et les propriétaires, dont les votes et les dons avaient rendu possible l'érection du nouveau sanctuaire; il répéta les belles paroles du saint vieillard Siméon : « C'est maintenant, Seigneur, que vous laisserez mourir en paix votre serviteur ! » et il termina sa courte allocution en assurant à tous ses enfants qu'au delà du tombeau comme pendant le reste de ses jours, il ne cesserait d'appeler sur leurs têtes les bénédictions du ciel.

Il pleurait de joie ; son émotion gagna les assistants, déjà impressionnés par la grandeur de la cérémonie, et il eût été difficile de trouver un indifférent, quand éclatèrent tout à coup les sons d'un harmonium dont chacun ignorait la présence.

C'était une surprise ménagée par M. Leclerc. Il faisait don de cet instrument à l'église. Le soin de le toucher tous les dimanches était réservé à l'instituteur ; mais, ce jour-là, Marie, cachée derrière un rideau de verdure, voulut en tirer les premiers accords.

La paroisse avait donc un orgue, et ce fut un grand bonheur pour les oreilles ignorantes des bons paysans d'entendre les simples et suaves mélodies que Marie avait su choisir.

En sa qualité de maire, M. Leclerc avait convié à dîner aux Ormes le vicaire général, le curé, les membres de la fabrique, du conseil municipal, l'instituteur et l'artiste qui avait sculpté l'image de la Vierge, offerte par Mme Leclerc à la nouvelle église. La plus grande cordialité s'établit bientôt entre les convives. On parla de la cérémonie qui venait d'avoir lieu, de l'effet produit par l'harmonium sur l'auditoire, de l'établissement d'un grand nombre de sociétés musicales et de l'heureux résultat que déjà l'on commençait à en obtenir.

Mme Leclerc annonça qu'elle avait depuis longtemps le projet d'initier un certain nombre de jeunes gens aux premières notions de la musique, et que l'instituteur actuel ayant à la fois le pouvoir et la volonté de la seconder, elle ne tarderait point à se mettre à l'œuvre.

— Vous avez dû remarquer, madame, dit le bon curé, que parmi les jeunes garçons qui chantent tous les dimanches, il y a de fort belles voix.

— Eh bien! reprit M. Leclerc, on les cultivera, et nous pourrons, avant la fin de cette année, faire la dépense de quelques instruments.

On applaudit à cette idée, et l'on fut d'avis qu'en occupant, le dimanche soir, d'une façon aussi agréable les jeunes gens les mieux doués et en attirant les auditeurs, on éloignerait d'autant la population du cabaret, cette plaie des campagnes aussi bien que des grandes villes.

Le sculpteur, ayant beaucoup voyagé, avait pu

apprécier les bons effets du goût de la musique sur les habitants de l'Allemagne. Là, chaque soir, la famille improvise un concert : clavecin, débris du siècle dernier, violon, flûte, basse, cor, tout est mis en usage pour accompagner les voix. On emploie même une longue caisse de sapin dans laquelle sont tendues quelques cordes. Cet instrument primitif et peu coûteux frappe la basse; son effet est saisissant; aussi Beethoven n'a pas dédaigné d'en tirer parti dans une de ses symphonies.

Ceci se passait en 1869. On n'avait pas de motifs pour ne point aimer les Allemands; on écouta le sculpteur, et l'on convint que ces soirées musicales devaient adoucir les mœurs et resserrer les liens de famille, en rendant agréable le séjour de la maison paternelle.

— Voilà, dit Mme Leclerc, d'excellentes habitudes; on ne les prendra pas dans notre pays; mais du moins nous ne négligerons rien pour doter notre village d'une petite réunion musicale.

On but à la réussite de ce projet, et l'on termina cette bonne journée par une longue promenade sous la hêtrée qui s'étend parallèlement au Bosc-au-Renard, appellation antique d'un charmant bois de coudriers où se montraient déjà de belles noisettes mûres.

La famille Leclerc et ses jeunes amis revinrent à la ferme le cœur joyeux et se promirent de ne jamais oublier les douces émotions que cette fête religieuse leur avait laissées.

VI.

Quand Emile et Henri s'éveillèrent, M. Leclerc était déjà parti pour diriger les derniers travaux de sa moisson. Tout le monde avait eu congé la veille; mais il fallait réparer le temps perdu, en mettant au plus tôt à l'abri les magnifiques récoltes dont la bénédiction du ciel avait couvert la campagne.

Les deux frères employèrent la matinée à écrire à leurs parents. Emile leur annonça qu'il était décidé à se faire cultivateur; car il ne croyait pas qu'on pût être plus heureux que M. Leclerc, ni qu'on pût désirer de faire plus de bien.

Léonie lut la lettre; elle en apprit le contenu à Marie; la jeune fille n'eut rien de plus pressé que d'annoncer à son père qu'ils auraient bientôt un voisin de ferme dans Emile.

— Je le voudrais, mon ami, répondit M. Leclerc, en serrant la main au jeune homme ; vous seriez, je n'en doute pas, aussi heureux que moi, puisque vous avez des goûts simples ; et vous seriez beaucoup plus habile ; car la science agricole ou plutôt les sciences qui profitent à l'art agricole ont fait de grands progrès depuis que je ne suis plus sur les bancs de l'école. Etudiez la physique, la chimie, suivez les cours des professeurs de votre ville ; lisez avec attention les bons ouvrages qui commencent à paraître ; quand il ne vous manquera plus que la pratique, je me chargerai de vous l'enseigner.

— Soyez sûr, dit Emile, que je vous rappellerai cette promesse dans quelques années d'ici. En attendant, je vous prie de continuer à nous donner quelques détails sur les animaux domestiques. Vous nous avez parlé du bœuf et du mouton.

— Vous avez bonne mémoire, mon cher Émile, dit en souriant M. Leclerc.

— Je le crois bien, repartit Léonie, il prend note de tout ce que vous voulez bien nous apprendre.

— Cela prouve, ma chère enfant, que votre frère a la ferme volonté de s'instruire ; et ce qu'on veut, on le peut. Nous allons donc parler du cheval.

Le cheval est, selon Buffon, la plus belle, et d'après Cuvier, la plus importante conquête que l'homme ait jamais faite. Beauté de formes, souplesse, force, docilité, cet intelligent animal réunit tout.

« L'utilité du cheval chez les peuples sauvages et à demi sauvages, dit M. Hurard, se borne à porter son maître et ses propriétés mobilières, à lui rendre la guerre plus facile et moins dangereuse ; mais, chez les peuples policés, elle est de la plus vaste étendue. Tous les arts et les métiers s'applaudissent des services qu'ils en tirent ; il est devenu si nécessaire aux diverses nations de l'Europe, que leurs richesses et leur sûreté consistent en grande partie dans la quantité et la qualité de leurs chevaux. Sans eux, l'agriculture, le commerce et la guerre seraient privés d'une infinité d'avantages. Celle qui perdrait en même temps ses chevaux et les moyens d'en faire venir de l'étranger tomberait en peu de temps dans la misère et dans l'assujettissement. »

La part que le cheval a prise, dès la plus haute antiquité, aux travaux de l'homme lui assigne une place dans la littérature de tous les peuples. Job fait une magnifique description du cheval qui hennit au son de la trompette, frappe la terre d'un pied impatient et s'élance, plein d'ardeur, au milieu des ennemis. Homère fait les chevaux d'Achille immortels. Les romans de chevalerie, qui, défigurés, ont fait longtemps, sous le titre de

Bibliothèque bleue, les délices des campagnes, égalent presque les chevaux à leurs maîtres. Chacun connaît le célèbre Bayard, qui portait à lui seul les quatre fils Aymon; la jument de Roland, qui n'avait qu'un seul défaut, celui d'être morte. Qui n'a ri des mésaventures de ce bon Rossinante, le compagnon des exploits de Don Quichotte? En parlant de Napoléon, le paysan vous dira que son cheval de bataille était blanc. Pour lui, le cheval complète la figure du héros.

Je me rappelle avoir vu l'un de ces braves animaux qui avaient porté l'homme du destin. La pauvre bête, pliant sous le poids des années, n'avait plus rien de sa fierté. Un admirateur des hauts faits de l'empereur avait acheté ce cheval et l'avait placé dans une ferme pour y finir ses jours dans une douce oisiveté. Il avait expressément défendu de le faire travailler. Le fermier, peu scrupuleux, ne lui en faisait pas moins porter son lait chaque jour à Fécamp; et plus d'un vieux soldat s'indignait de voir passer le noble animal affublé de deux paniers et guidé par un petit goujat.

Les hommes qui se livrent par état ou par goût à l'élève du cheval se passionnent pour le succès, et cette passion a coûté à plus d'un sa fortune entière. Vous avez entendu parler des folles dépenses faites par des Anglais pour les chevaux de course, qui ne sont propres qu'à cela, des paris fabuleux dont ils sont l'objet. Cette manie a passé en France, où elle est réduite cependant à sa plus simple expression.

Pour nous cultivateurs, s'il nous est permis d'aimer ce fidèle compagnon de l'homme, il nous faut avant tout regarder les services qu'il peut rendre. Je tâche toujours de me procurer des chevaux de bonne taille, sans rechercher cette hauteur excessive qui appartient souvent à des bêtes sans énergie, ni la finesse de formes particulière aux coureurs. Il me faut des chevaux vigoureux, courageux, et dont la conformation solide n'exclue pas l'élégance. Ils figureraient bien devant une américaine, et cependant je n'hésite pas à les atteler à la charrue et aux chariots. J'exige toutefois qu'ils soient menés sans brutalité.

Lorsque les routes étaient détestables, encaissées dans des cavées et avec des pentes rapides, on ne pouvait pas sacrifier au transport des denrées des bêtes d'un haut prix. On ne voyait dans les fermes, sauf le bidet du maître, que de mauvais chevaux voués à tout jamais à la charrette. Ils coûtaient cependant tout autant à nourrir et représentaient une mince valeur difficilement réalisable.

Les chemins sont bons, et l'on peut éviter les passages dangereux ; l'agriculteur élève donc avec raison de belles races : c'est de l'argent. Lorsque mon chariot part pour Fécamp avec sa charge de blé, l'attelage représente 4,000 fr. au moins, que je puis trouver du jour au lendemain ; et j'ai des élèves prêts à dresser qui compléteront les vides.

Mes écuries sont dallées comme mes étables ; chaque cheval y occupe une case séparée, et l'on a également ménagé un passage devant les mangeoires. La paille hachée entre dans l'alimentation des chevaux et procure une notable économie ; on la mêle avec des racines et de l'avoine. J'ai grand soin qu'on renouvelle souvent l'air, contrairement à une habitude trop répandue. La litière, recouverte chaque jour de terre et de paille, est enlevée deux fois par mois, d'après l'avis de M. Girardin, et selon une pratique adoptée dans la cavalerie. L'odeur de l'écurie n'a plus rien de repoussant, et j'y gagne une augmentation notable de fumier.

Croiriez-vous qu'au mépris des lois de l'hygiène, des fermiers pensent encore qu'il faut donner aux chevaux de l'eau corrompue par le liquide qui coule des tas de fumier? Ce préjugé est très-commun. Pour moi, je donne à tous les animaux de l'eau puisée à la citerne et telle qu'on l'emploie pour les usages domestiques. Les liquides infects produisent sur l'économie des animaux des effets déplorables, et l'on doit les repousser.

Pour compléter la leçon, M. Leclerc proposa une promenade à cheval, et l'on applaudit avec enthousiasme à cette heureuse idée. Trois chevaux furent bridés. M. Leclerc monta le sien et fit donner à Emile et à Henri les deux autres, qui étaient très-doux et très-paisibles. Il y avait à la ferme deux petits poneys, qui servaient à Mme Leclerc et à sa fille; on les couvrit d'une selle commode et élégante, et Léonie s'y installa aussi résolûment que Marie.

On partit au petit trot, à travers la prairie, couverte d'un regain épais et doux qui devait amortir les chutes. La précaution était bonne; car les cavaliers novices payèrent plus d'une fois leur apprentissage. Ils se relevaient en riant; mais ils n'étaient pas moins un peu confus de leur maladresse, surtout quand ils voyaient les paysans les saluer d'un air narquois.

— Ils se moquent de nous, n'est-ce pas? dit Henri.

— Je ne voudrais pas jurer le contraire, répondit M. Leclerc. Ils disent qu'on voit bien que vous êtes deux beaux messieurs de Rouen; car chez nous des gamins de sept à huit ans s'élancent sur les chevaux et souvent les conduisent sans selle et sans bride. Ils se cramponnent à la crinière et stimulent, en le frappant de leurs talons, l'animal qui les emporte sans les effrayer ni leur faire lâcher prise. Mais si vous voulez apprendre à monter à cheval, je vous ferai donner quelques leçons par un hussard en semestre, qui travaille à la ferme.

Les jeunes gens n'eurent garde de refuser, et,

tout en rentrant, ils se mirent à la recherche de leur nouveau professeur. Ils le trouvèrent occupé à distribuer la pitance aux cochons.

— Gervais, lui dit M. Leclerc, je t'amène deux élèves.

— Deux élèves, répéta Gervais en rougissant. Comment! ces messieurs voudraient apprendre...

— A monter à cheval, mon ami.

— C'est bien facile, d'autant plus que ce sont des jeunes gens lestes, solides et pas poltrons. Voyez-vous, monsieur Leclerc, le cheval ça me va; mais je me suis senti tout honteux de me voir surpris à soigner des cochons.

— Pourquoi donc, Gervais?

— Dame! monsieur, parce que le cochon n'est pas un bel animal comme le cheval. Oh! non; il est laid, sale, gourmand.

— Je ne suis pas de ton avis. Le cochon n'est pas beau sans doute; mais tu as tort de dire qu'il est sale; car tu dois savoir qu'il aime la paille fraîche et que la propreté lui est presque aussi nécessaire que la nourriture. Il n'est pas non plus gourmand, puisqu'il mange tout ce qu'il trouve, aussi bien les restes infects que les fruits, les herbes, les racines. Il est affamé plutôt que gourmand; et il ne faut pas lui en faire un reproche, puisque les aliments qu'il absorbe le font grandir et engraisser en quelques mois.

Le cochon est précieux au point de vue de l'alimentation; il donne une chair excellente, qui prend bien le sel et se conserve parfaitement. Sa graisse, son poil, ses intestins, son sang, rien n'est perdu; il n'y a guère d'animaux dont on en puisse dire autant.

— C'est vrai, monsieur, dit Gervais ; mais par ici, on n'aime pas beaucoup ces bêtes-là, tandis qu'en Lorraine, par exemple, on en élève une quantité.

— Le cochon est la principale ressource du paysan dans certaines contrées; il est très-négligé dans le pays de Caux, où l'on n'en voit qu'un petit nombre.

La répugnance que cause sa malpropreté en est la cause; mais là encore le fermier s'en prend peut-être au moins coupable. J'élève quelques cochons; mais, vous le voyez, j'ai soin de les placer dans une porcherie dallée, où l'eau ne manque pas et que l'on nettoie souvent. Je les fais bouchonner et laver au besoin. On leur donne en outre à manger dans une auge d'importation anglaise. C'est un vase portant des divisions qui tournent sur un axe. Chaque cochon trouve sa place et mange goulûment sans nuire à son voisin.

La truie fournit un grand nombre de petits; on en mange une partie à l'état de cochon de lait, c'est-à-dire deux ou trois semaines après leur naissance.

Le cochon, acceptant tous les aliments, est facile à nourrir; on lui donne jusqu'aux eaux de vaisselle. On possède des espèces qui, s'engraissant facilement, sont livrées au boucher bien avant la fin de leur croissance et dont la chair est très-délicate. On a renoncé à l'ancienne race, qui atteignait une grande taille et un poids énorme, mais qui était très-longue à engraisser. Tout calculé, mon ami Gervais, le cochon est un animal très-utile; et comme je suis sûr que tu ne dédaignes ni le boudin, ni le saucisson, ni le jambonneau, je t'engage à ne pas mépriser le cochon qui les fournit.

— Qu'est-ce que vous voulez, notre maître, ça m'a contrarié que ces deux beaux messieurs voient un hussard français remplir l'auge aux pourceaux.

— Il n'y a pas de sot métier, mon garçon; mais il y a de sottes gens, à commencer par le hussard français, quand il montre trop de jactance ou qu'il écoute sa vanité.

— Bien dit, monsieur Leclerc; on tâchera de s'en souvenir.

— Quand veux-tu donner la première leçon d'équitation?

— Dans une heure, si ça convient à ces messieurs; il me faut ce temps-là pour achever l'ouvrage que la maîtresse m'a donné.

— Fais-le sans te presser, mon ami. En attendant, nous visiterons la basse-cour.

Les volatiles tiennent aussi leur place dans toute

exploitation bien entendue ; les poules surtout doivent être l'objet de soins qu'elles récompensent par leurs produits. A la ferme des Ormes, on élève en outre des pigeons et des dindons, mais en petit nombre.

La poule, réduite en domesticité depuis de longues années, paraît ne plus pouvoir vivre loin de nos habitations. Au moins ne trouve-t-on plus à l'état sauvage le type habitant nos basses-cours.

Dans certaine division territoriale, l'engraissement des volailles constitue une industrie importante ; chez nous, on s'en occupe à peine. Les poules du pays de Caux ont perdu la réputation que les gourmets leur avaient faite. Les fermiers, préoccupés de la culture des plantes industrielles, regardent l'élève des volailles comme un embarras. Ils n'en conserveraient pas, n'étaient les ressources dont elles sont pour leur table, et le profit qu'ils retirent de la vente des œufs. Aussi porte-t-on au marché des poules maigres, ne ressemblant en rien aux produits fins de la basse Normandie.

Comme je ne veux négliger aucun détail, les poules sont chez moi l'objet d'une assez grande sollicitude.

Le poulailler est vaste ; les perchoirs sont disposés en gradins, et il est facile d'en enlever les déjections, qui sont jetées sur les terres à l'état pulvérulent.

On a préconisé les poules cochinchinoises, vanté outre mesure certaines espèces obtenues récemment en Angleterre, et qui se vendent à des prix fabuleux; malgré cela, j'ai donné la préférence à la poule dite de Crèvecœur. La chair en est blanche et délicate; elle s'engraisse bien et donne une quantité d'œufs considérable. J'ai seulement soin de ne souffrir aucun mélange, et le troupeau se compose de poules entièrement pareilles.

Les jeunes poulets destinés à la vente sont enfermés dans des cages divisées en compartiments étroits et placées dans un endroit tranquille. On leur donne une abondante nourriture, composée de grains et de racines cuits et additionnés de lait caillé ou de lait de beurre ; ils acquièrent ainsi un développement rapide et une grande finesse.

Les Egyptiens savent faire éclore les poulets dans des fours construits pour cet usage. Les hommes chargés de les conduire en dirigent si bien la chaleur, qu'ils obtiennent toujours les mêmes résultats. Les poussins sont élevés dans des caisses basses, dont la paroi supérieure est garnie de peaux de mouton. Réaumur a tenté, au dernier siècle, d'introduire cette méthode en France, mais sans succès. Aujourd'hui cependant, le problème paraît résolu; car on opère l'incubation artificielle à l'aide de petites couveuses fort simples, dont la Société centrale d'agriculture a fait l'essai à Rouen.

Il faut avoir soin de disposer des paniers commodes pour les couveuses, qui n'aiment pas à être inquiétées et ont besoin d'être isolées. Les petits poussins, à peine nés, courent çà et là. Leur mère place devant eux de menus grains ou des vermisseaux ; elle les appelle par un gloussement particulier. Lorsque le temps est beau, on place la mère sous une cage fort simple et facile à transporter, dont les barreaux livrent passage aux petits. On remue la terre sur une grande étendue, et les poussins vont picorer çà et là, sans s'éloigner de la poule qui les rappelle.

Il est bon que les poules trouvent de la poussière où se rouler, et de l'eau contenue dans un bassin peu profond.

Quoique lourd et volant difficilement, le coq est un bel oiseau. Il se promène d'un air fier et grave ; son regard animé témoigne de son goût pour les aventures ; en effet, il se fie sur sa force et querelle volontiers. Deux coqs ne peuvent pas se rencontrer sans entrer en lutte, se frappant du bec et des éperons dont la nature les a armés. On a vu même souvent des coqs de grande taille se jeter sur des enfants et les blesser cruellement.

Les anciens, profitant des goûts belliqueux de cet oiseau, le dressaient au combat. Cet usage, suivi en Chine, est commun en Angleterre ; les combats de coqs attirent la foule et sont l'objet de paris considérables.

Le dindon est originaire de l'Amérique septentrionale, où on le trouve en grandes troupes. A l'état sauvage, il déploie une force, une intelligence dont nous ne le croirions pas capable, en le voyant si lourd et si stupide ; il atteint aussi un bien plus grand développement, puisque certains individus pèsent plus de vingt-cinq kilogrammes.

On ne voit point chez nous, ou cela est fort rare, de grandes troupes de dindons picorant dans la campagne, sous la conduite d'un enfant. On en élève seulement quelques-uns dans chaque ferme, afin de pouvoir, à la fête des Rois, faire figurer sur la table le rôti obligé.

Cet oiseau, encore mal acclimaté, demande de grands soins pendant son premier âge ; un grain de grêle, un coup de soleil, un rien le fait périr. Le développement de l'appendice charnu qui s'étend sur son bec lui cause une maladie dangereuse.

Le dindon ne peut vivre seul. S'il ne rencontre pas d'individus de son espèce, il reste avec les poules, qu'il entreprend de surveiller. Il a fort à faire pour ramener celles qui s'écartent trop à son gré, pour forcer la troupe à rentrer à la ferme; il s'attribue la police de la basse-cour, fait cesser toute querelle, et s'acquitte au mieux de ses fonctions volontaires.

Le pigeon n'est pas, à proprement parler, un oiseau domestique. Il est plutôt notre hôte que notre prisonnier.

Si sa demeure lui plaît, il y reste; si elle ne lui convient pas, il l'abandonne pour toujours.

Ne possédait pas qui voulait un pigeonnier. Cette tour fièrement placée au milieu de la cour des vieilles fermes cauchoises, où elle montre son toit conique au-dessus des pommiers, ne pouvait être bâtie qu'en vertu d'un titre nobiliaire.

Ces constructions circulaires étaient garnies, sur toute leur circonférence intérieure, d'un grand nombre de cellules que l'on visitait à l'aide d'une grande échelle soutenue par deux barres fixées sur un axe mobile. Elles étaient peuplées d'oiseaux se rapprochant du type sauvage et désignés, dans nos campagnes, sous le nom de *bisets*. Réunis en grandes troupes, ils s'abattaient sur les blés versés, et y causaient beaucoup de dommage. On a donc bien fait d'en restreindre le nombre.

Le biset ne donne que deux ou trois couvées par an, tandis que certains pigeons de volière couvent huit fois et même plus, dans le même espace de temps. On doit d'autant plus les préférer, qu'en les nourrissant bien, on leur retire facilement l'idée de courir dans les champs.

Les excréments de pigeon fournissent un engrais très-actif, qui s'emploie à l'état pulvérulent.

Les amateurs possèdent une foule de variétés du pigeon, qui se distinguent par la forme du corps, la couleur des yeux, la variété du pennage, l'énorme renflement de la gorge : variétés agréables à l'œil, mais de peu de rapport.

On a mis à profit l'instinct du pigeon voyageur, pour lui faire transporter des correspondances. Cet oiseau, arraché de son nid et transporté au loin, sait trouver sa route au milieu des airs, qu'il fend d'une aile rapide. En peu d'heures il franchit de grandes distances et vient retrouver ses petits. Souvent aussi il tombe sous le fusil du chasseur, et les lettres imprimées sous son aile n'offrent que des signes mystérieux à celui qui ramasse le pauvre volatile atteint par le plomb meurtrier.

Les canards et les oies ne se voient chez nous qu'en petit nombre, et n'y valent rien.

Le canard arrêté à son passage, pendant ses migrations annuelles, s'est perpétué dans les basses-cours, où il a perdu en partie son instinct de locomotion. Il s'est alourdi, et n'a plus la finesse de goût si grande dans l'oiseau sauvage. Cependant, lorsqu'on lui fournit une nourriture suffisamment animalisée, qu'il peut disposer d'un courant d'eau limpide et barboter dans les sables et les graviers, il mérite d'être recherché. Dans le pays de Caux, au contraire, on élève les canards dans des mares fétides ; on les nourrit de son et de lait. Ils ne donnent qu'une chair blanche, fade et nauséabonde, tandis qu'à la rigueur on pourrait encore faire des élèves passables.

Comme j'ai supprimé les mares de la ferme, je n'élève point d'oiseaux aquatiques.

Gervais, qui, malgré la recommandation de M. Leclerc, s'était hâté de finir sa besogne, vint se mettre à la disposition des jeunes gens. Il avait fait un bout de toilette, et n'était pas fâché de se montrer dans son beau. C'était un excellent cavalier, qu'on chargeait, au régiment, de dompter les chevaux les plus difficiles. Henri et Emile admirèrent sa hardiesse, sa bonne mine, et profitèrent si bien de ses leçons, qu'au bout de huit jours ils n'eurent plus à craindre de prêter à rire aux paysans.

VII.

Le cours d'agriculture ne fut pas négligé, malgré l'attrait qu'offraient aux deux frères les promenades à cheval. M. Leclerc était homme à trouver du temps pour tout.

— J'ai cru devoir, leur dit-il, vous parler longuement des animaux nécessaires dans une ferme, vous dire leur origine, leurs habitudes, parce qu'ils constituent une part fort importante dans l'exploitation des terres. En effet, la culture, je vous l'ai déjà dit, est impossible sans engrais, et les bestiaux le donnent en abondance. On peut, il est vrai, dans les fermes voisines des villes, se procurer les boues provenant du balayage des rues ; mais, outre qu'on les achète fort cher, il faut encore faire des dépenses considérables pour les transporter. Le *guano*, dont l'emploi est parfois utile, est coûteux, et son action n'est pas durable. Je le remplace par les déjections des volailles. C'est un des motifs qui m'ont engagé à élever un certain nombre de pigeons, dont je trouve, en outre, aisément la vente, et de poules, dont les œufs se placent avec la plus grande facilité.

Le commerce fait annoncer à la quatrième page des journaux une foule d'engrais artificiels devant produire un effet prodigieux. Il faut se méfier de ces affirmations, toujours démenties par la pratique, et s'en tenir au fumier de ferme, que rien ne peut remplacer.

Nous verrons plus tard comment on peut nourrir un nombre suffisant de bêtes ; par quelle suite de transformations le cultivateur reçoit, augmenté par son labeur, l'argent employé au travail de la terre. Mais il convient, avant tout, de vous donner, en éloignant toute expression technique ou scientifique, une idée de l'aménagement des fumiers.

On retire des étables, des écuries et des bergeries, les litières imprégnées de déjections liquides et solides, dont la paille retient une grande partie. Mises ainsi dans la terre, elles diviseraient trop le sol ; elles formeraient des vides qui rendraient l'évaporation trop facile et priveraient la terre de l'eau nécessaire à la végétation. Comme elles se consommeraient avec une extrême lenteur, leur action, pour être plus durable, ne serait plus assez énergique.

En outre, la fermentation des masses développe des gaz qui impriment à la végétation une grande énergie.

Voici comment on conduit la fermentation pour éviter le développement d'une trop grande chaleur.

L'établissement d'une bonne fumière est chose fort importante. On dresse une aire ayant la forme d'un carré long, que l'on revêt d'une couche d'argile fortement battue et dont on relève légèrement les bords. On creuse au milieu une fosse circulaire, ou mieux encore, comme je l'ai fait, on construit une citerne. L'emplacement n'est pas indifférent; ainsi, ma fumière est établie derrière les étables, qui communiquent avec elle par des portes de dégagement et dont les ruisseaux versent les liquides jusque dans la citerne. J'ai fait élever un hangar qui met le fumier à l'abri du soleil et des lavages causés par les pluies.

Les litières sont apportées sur l'aire, mélangées avec soin en couches de forme régulière, dont on relève les bords en sorte de *torchis*. Pour éviter la déperdition de certains principes volatils, on les saupoudre de plâtre; on y étend du marc de pommes, ou bien on mêle de la couperose aux eaux d'arrosement.

Lorsque le volume du tas s'augmente, la fermentation s'établit, la chaleur se développe; pour empêcher qu'elle n'atteigne une trop grande intensité, on arrose le tas de purin puisé à l'aide d'une pompe posée sur la citerne et portant un long tuyau de toile imperméable, ou mieux encore de gutta-percha. On renouvelle cette opération toutes les fois qu'elle redevient nécessaire.

On divise les fumiers en plusieurs tas. Lorsque le premier est arrivé à son point de perfection, on n'en a pas toujours l'emploi; il faut donc en assurer la conservation. On l'arrose et puis on le couvre de terre, pour le soustraire à l'influence de l'air. Dans le cas contraire, on le porte de suite sur les terres qu'il doit féconder, en ayant soin de l'enfouir sans retard.

Certains fermiers se bornent encore à jeter les litières dans une fosse creusée sans soin devant l'étable. Bêtes et gens marchent sur cet amas infect; les volailles le remuent sans cesse. Le fumier se dessèche ou reçoit trop d'eau, fermente mal et laisse échapper tous les principes volatils. Le purin s'écoule dans les *routoirs*, d'où il se répand sur les chemins en ruisseaux infects. Et cependant, comme l'a répété maintes fois M. Girardin, ce sont des pièces de 5 fr. que l'on gaspille, et l'on perd ainsi des sommes énormes.

Vous concevez aussi qu'un pareil voisinage est fort malsain pour les animaux, placés dans un local malpropre, dont le sol est imprégné de matières liquides et recevant difficilement l'air extérieur. Et l'on s'étonne après cela de la faiblesse des bestiaux et de leurs nombreuses maladies! Il faudrait, au contraire, s'étonner s'ils restaient en bonne santé.

Je dois vous signaler une mauvaise pratique dont je n'ai pas pu corriger tous mes voisins. Ils portent lentement leur fumier sur la terre, l'éparpillent, le laissent sécher à l'air et se décident à l'enfouir à la charrue lorsqu'il a perdu la moitié de sa valeur. Voilà encore de l'argent bien mal placé.

Le fumier doit être porté, épandu, enfoui rapidement, sans perdre une seule minute. Agir autrement, c'est dire : « J'aurai bien assez de blé, bien assez de colza, de lin et de racines. » A votre aise, ai-je souvent dit à ces obstinés, si, assez riches pour ne pas exiger du sol tout ce qu'il peut donner, vous ne nuisiez pas à la société tout entière, si vous ne priviez pas la population d'éléments précieux pour elle. Comme vous portez atteinte à la prospérité générale, on doit vous blâmer et vous répéter sans cesse des conseils dont les bons effets ont été cent fois constatés, et dont vous pouvez voir l'application.

Les parties liquides — le purin — mélangées avec de l'eau servent à arroser les plantes au moment où la végétation a besoin d'être activée. Elles augmentent parfois les rendements dans une proportion incroyable. C'est une opération facile. Il ne faut qu'un tonneau monté sur deux roues et dont le robinet s'ouvre sur un plateau de balance ou sur une bande de fer percée de trous. Le liquide jaillit et se répand en pluie sur la terre, tandis qu'on hâte ou qu'on ralentit le pas du cheval qui traîne l'appareil.

On a trop souvent le tort d'oublier que la terre ne possède pas tout ce qu'il faut pour produire des récoltes ; elle n'est pas le principe nutritif des végétaux ; elle sert à en fixer les racines et à recevoir, pour les leur rendre, les aliments dont ils ont besoin.

Vous avez dû remarquer, mes amis, que les racines se terminent par des poils fins auxquels on a donné le nom de chevelu. Ces poils s'enfoncent dans le sol, pour y chercher la nourriture qu'ils sont chargés de fournir à la plante ; ils absorbent cette nourriture liquide au moyen d'une petite éponge dont leur extrémité est pourvue. S'ils ne rencontrent pas ces sucs, le végétal languit et meurt, faute de séve, la séve n'étant autre chose que les sucs absorbés par les racines, et devenus en quelque sorte le sang de la plante.

Toutefois, il faut encore autre chose au végétal pour qu'il prospère. Emplissez un pot de très-bonne terre, mettez-y autant d'engrais qu'il vous plaira ; plantez une fleur dans ce pot et couvrez-le d'une cloche qui empêche l'air de se renouveler, la fleur ne tardera pas à mourir, parce que si les racines puisent dans la terre les sucs séveux, les feuilles ont besoin de trouver aussi dans l'air certains gaz nutritifs. Vous savez cela, mes amis, puisque vous avez étudié un peu d'histoire naturelle; mais peut-être que ces demoiselles l'ignorent.

— Oh! non, papa, dit Marie. Nous sommes loin d'être savantes; mais on nous a cependant appris que les plantes empruntent à l'air le gaz acide carbonique, qui nous serait nuisible, et que, par une opération chimique dont la nature seule a le secret, ce gaz se décompose et devient de l'oxygène, que la plante rejette dans l'air. C'est même pour cette raison que l'air des bois, des jardins, et en général l'air de la campagne, est plus favorable à la santé que celui des villes.

— C'est pour cela, ajouta Léonie, que le séjour de votre ferme, entourée de si beaux arbres, me rend des forces et des couleurs.

— A merveille, mes enfants; je suis heureux de voir que vous aimez à étudier non-seulement ce qui s'est passé il y a des siècles, mais encore ce qui se passe chaque jour sous vos yeux. Quand j'étais jeune comme vous, on nous enseignait une foule de choses; mais je crois que nos professeurs auraient été bien en peine si nous leur avions demandé à quoi servent les feuilles d'une plante. Il n'en est plus de même aujourd'hui, et l'histoire naturelle tient sa place dans les études. L'attention de la jeunesse se porte d'ailleurs sur une foule d'objets, et, pour répondre au besoin de savoir qui se fait sentir partout, des hommes de grand talent se sont efforcés de mettre la science à la portée de toutes les intelligences.

— Aussi maintenant on donne pour prix, dans les couvents comme dans les lycées, des ouvrages sérieux, mais très-intéressants, dans lesquels on apprend ce que c'est que l'électricité, la vapeur, et ce qu'il a fallu d'efforts à l'esprit humain pour créer la locomotive, le télégraphe, la photographie.

— Le vent est à la science, il faut en profiter, mes amis, vous surtout, Emile, qui désirez faire un bon cultivateur. Apprenez à connaître la composition des terres, afin de pouvoir amender convenablement celles que vous aurez à faire valoir ; étudiez les phénomènes de la végétation ; lisez ce qu'on a publié de mieux sur les travaux des champs ; car il est toujours bon de s'aider de l'expérience des autres. Pour vous encourager dans cette étude, rappelez-vous que si l'agriculteur habile s'enrichit, son labeur profite encore à d'autres qu'à lui. L'agriculture est la source de la prospérité publique, et ce n'est pas une médiocre satisfaction pour un paysan, comme moi, de penser qu'il peut être utile à son pays, aussi bien qu'un magistrat ou un officier.

— Vous faites autant de bien qu'il est possible d'en faire dans n'importe quelle position, dit Emile ; vous êtes aimé, respecté de tous ceux qui vous entourent, et vous exercez sur eux la plus salutaire influence.

— Ce n'est pas ce que je voulais dire, reprit M. Leclerc en souriant; je ne pensais qu'aux résultats matériels du travail des champs. Si les terres sont bien amendées, bien cultivées, elles produisent beaucoup; le grain et les fourrages étant abondants, le pain et la viande coûtent moins cher ; chacun peut en avoir sa part. Le fermier, qui vend ses récoltes et son bétail, a de l'argent; les petits ménages font des économies; tout ce monde peut acheter ce qu'il serait forcé de se refuser dans d'autres circonstances. Les marchands vendent beaucoup; les fabricants, pour approvisionner les magasins, emploient un grand nombre d'ouvriers, et chacun gagne sa vie. Supposez, au contraire, que la culture soit négligée, qu'il n'y ait que de chétives récoltes, non-seulement on souffrira dans les campagnes, mais le commerce languira, les ateliers se fermeront, et la misère deviendra générale.

— C'est étonnant comme tout se lie, comme tout s'enchaîne, dit Emile. Je ne m'étonne plus de ce que les gouvernements se préoccupent tant des progrès de l'agriculture.

— Eh bien! pour rendre les terres productives, je ne connais pas de meilleur moyen que de les fumer largement. Je crois que tous les savants seront sur ce point d'accord avec moi. C'est pourquoi je vous reprochais, mes enfants, quelques jours après votre arrivée, de ne pas donner à ma fumière toute l'attention qu'elle méritait.

— Nous ne pensions pas, dit Léonie, que, sans fumier, la terre peut produire de mauvaises herbes, mais qu'elle ne donne que peu ou point de blé, et que les fruits et les fleurs des jardins ne seraient que de maigres avortons, si l'on n'avait soin de donner au sol l'engrais qui les fait croître. Maintenant, monsieur Leclerc, vous pouvez être sûr que nous regarderons avec un certain respect cette masse un peu trop odorante dont nous nous détournions avec dédain.

— Il faut cependant encore à la plante pour prospérer autre chose que l'air et les sucs du fumier ; il lui faut la lumière et la chaleur, que Dieu se charge de lui dispenser. Aussi l'homme des champs sait bien qu'il creuserait inutilement les sillons et leur confierait en vain la semence, si le grand Maître de toutes choses ne se chargeait de faire croître et mûrir les moissons ; mais quand nous avons fait ce que nous pouvons, nous comptons sur la bénédiction de celui qui a dit : « Aide-toi, je t'aiderai ! » Aussi le laboureur ne se croit pas dispensé de demander à Dieu son pain de chaque jour ; il a trop souvent reconnu l'insuffisance de son travail pour ne pas adorer la main toute-puissante qui donne la fécondité à la terre. On a généralement plus de religion dans les campagnes que dans les villes, parce que l'homme qui vit en face de la nature ne peut, s'il a quelque intelligence, qu'être frappé de la sagesse et de la bonté du Créateur, sagesse et bonté qui se révèlent dans les plus petites choses comme dans les plus grandes.

— J'y songeais tout à l'heure, dit Léonie, à propos de cette admirable métamorphose de l'acide carbonique en gaz oxygène.

— En effet, ajouta Marie, si les plantes absorbaient le gaz nécessaire à la respiration de l'homme, nous serions obligés de nous priver de tout ce que nous aimons le plus. Nous souffririons en nous promenant dans les prés, ou en travaillant dans les champs; les bois n'auraient plus d'attraits pour nous, et nous fuirions les jardins autant que nous les recherchons. L'air serait bientôt vicié partout; les plantes, les animaux et nous-mêmes, nous disputant les uns aux autres un peu de gaz vital, nous ne tarderions pas à mourir, et le monde deviendrait un aride désert. Au lieu de cela, les plantes, qui n'enlèvent à l'air qu'un gaz impropre à la respiration des êtres animés, lui rendent en quantité à peu près égale l'oxygène dont nos poumons ont un impérieux besoin pour vivifier le sang qui porte le mouvement et la viè jusqu'aux extrémités de notre corps. Cette transformation est vraiment merveilleuse; il est fâcheux que nous ne sachions pas comment elle s'accomplit.

— Nous ne savons pas mieux, reprit M. Leclerc, comment une transformation analogue s'opère en nous. Nous absorbons l'oxygène contenu dans l'air et nous lui rendons de l'acide carbonique; ainsi nous fournissons aux végétaux le gaz nécessaire à leur accroissement, tandis qu'ils élaborent celui dont nous ne pouvons pas nous passer. Il y a d'ailleurs une foule de choses que nous constatons sans pouvoir les expliquer. Comment le grain jeté en terre donne-t-il un épi ? Comment un chêne gigantesque est-il renfermé dans un gland? Comment un poulet peut-il se former dans un œuf? Comment une hideuse chenille devient-elle un brillant papillon? Tout cela se passe sous nos yeux, et le plus savant des hommes est incapable de dire par quel mystérieux travail ces merveilles s'accomplissent. C'est le secret de la nature, dira-t-il. Comme la nature est la manifestation de la puissance de Dieu, nous dirons, nous, que ces transformations sont le secret de Dieu.

Il est impossible à celui qui réfléchit de ne pas admirer la sagesse, la puissance et la bonté du Créateur. Je doute que les prétendus esprits forts, qui se font gloire de ne croire à rien, aient jamais pris la peine d'étudier les choses dont ils sont chaque jour les témoins.

Ceux qui osent nier Dieu sont presque toujours des ignorants, des écervelés, des gens perdus de vices, ou des hommes dont l'orgueil a égaré la raison; mais il suffit d'avoir l'esprit droit et le cœur pur pour trouver le nom de Dieu écrit sur toutes les pages du grand livre de la nature. Si nous avions le temps d'étudier ensemble, non pas les merveilles du ciel, mais seulement la vie d'un des mille insectes que nous foulons aux pieds, vous seriez étonnés de retrouver dans l'organisation, les mœurs, les instincts de ce petit être, la puissance, la sagesse, la bonté qui ont présidé à la création de l'univers. Aussi, mes enfants, je ne puis trop vous engager à bien employer les quelques années qui vous restent avant que des devoirs impérieux réclament tous vos instants : étudiez, lisez, cherchez à vous rendre compte de ce que vous voyez ; laissez à d'autres les plaisirs qui énervent le corps et l'âme ; l'étude a des charmes lorsqu'on s'y livre avec ardeur, et elle préserve la jeunesse d'une foule d'écarts qu'on aurait peut-être à déplorer pendant toute la vie.

VIII.

L'arrondissement du Havre possède depuis longtemps déjà une Société d'agriculture, dont les réunions se tiennent ordinairement à Goderville, bourg situé à peu près au centre des exploitations. Cette Société ouvre chaque année un concours où sont amenés les bestiaux les plus gras et les mieux conformés, les chevaux les plus forts et les plus élégants, et où des prix sont accordés aux agriculteurs qui se distinguent par leurs travaux.

La fête a lieu le plus souvent entre la fenaison et la moisson ; elle avait été renvoyée après la coupe des blés, et nos jeunes gens furent charmés d'un retard qui leur permettait d'y assister. Chaque ville, chaque bourg se dispute l'honneur d'être choisi pour le concours.

C'était à Bolbec qu'il devait s'ouvrir.

Bolbec est une ville étroite, nichée dans une vallée arrosée par un petit cours d'eau. Par sa situation, elle ne paraît pas devoir réunir les éléments d'une grande activité commerciale, et l'on est tout étonné d'apercevoir, du haut de la côte, de hautes cheminées qui lancent des flots de fumée épaisse dans l'air. Ces colonnes dressées à l'industrie s'élèvent sur tous les points de la ville.

Un établissement colossal file le coton, qui reçoit de riches couleurs dans de vastes teintureries; on le tisse à la mécanique ou bien au métier dans les campagnes voisines; puis on le couvre, dans les indienneries, de dessins élégants et variés. La *perrotine* et le *rouleau* semblent dévorer les bandes de toile.

C'est à Bolbec enfin que l'on confectionne ces indiennes dont l'usage est si général, ces tissus légers qui couvrent le corsage des paysannes et des ouvrières, qui forment le tablier des ménagères économes, qui s'étendent devant les fenêtres et entourent les lits.

La ville industrielle avait fait trêve à ses travaux et tout préparé pour ses hôtes d'un jour. La foule des visiteurs disputait la rue aux bestiaux chargés de graisse.

Les membres de la Société et les membres des divers jurys se réunirent à la mairie; puis, accompagnés par le sous-préfet de l'arrondissement, par le maire, suivi du conseil municipal, ils se dirigèrent vers le Champ-de-Foire, où la distribution des récompenses devait avoir lieu. Les sapeurs-pompiers, précédés d'une excellente musique, formaient l'escorte.

Les cordons de verres de couleur se balançaient aux grands arbres du boulevard; des drapeaux flottaient partout.

La foule se pressait autour des bestiaux, qui provoquaient l'admiration des connaisseurs.

On avait dressé sur le Champ-de-Foire une estrade, recouverte de ces indiennes fabriquées dans le pays. La vue s'étendait de là sur l'assemblée, plongeait dans la vallée, et s'égarait sur de vastes plaines coupées de bouquets d'arbres; le coup d'œil était admirable.

On écouta attentivement les discours dans lesquels le premier magistrat de l'arrondissement, le président de la Société, le maire, rappelèrent l'importance de l'art agricole. Ils blâmèrent les routiniers qui s'obstinent dans les vieilles pratiques et refusent de suivre les conseils des agriculteurs habiles.

Puis on procéda à l'appel des lauréats, qui vinrent recevoir leurs médailles, tandis que la musique exécutait des symphonies.

La Société récompense non-seulement les cultivateurs, mais encore les serviteurs honnêtes et dévoués qui consacrent leur vie aux travaux domestiques. Chaque année, on retrouve là ce type

— disparu de nos villes — de la servante entrée dans la famille par de longs services : elle a vu naître le maître, les enfants ; elle a ri de leur joie, compati à leur douleur; elle ne connaît point d'autre intérêt que celui de la maison, qu'elle regarde comme la sienne. On vit avec attendrissement s'avancer une bonne vieille qui comptait quarante-cinq années de loyaux services rendus à la même famille ; elle reçut, aux acclamations de tous, une médaille et un livret sur la caisse d'épargne. Ces hommages rendus au travail et à la probité rejaillissent sur le cultivateur ; car, nous l'avons déjà dit, les bons maîtres font les bons domestiques.

On distribua aussi des médailles et des livrets aux garçons de ferme qui avaient fait preuve d'adresse et d'intelligence.

Un banquet réunit ensuite un grand nombre de convives, dont les applaudissements accueillirent les toasts inspirés par l'objet de la fête.

Puis, lorsque le jour cessa, les illuminations firent scintiller des lueurs variées, semblables à de grosses lucioles pendues aux branches verdoyantes. Un beau feu d'artifice, jetant en l'air ses gerbes de fusées, étala en cascades, en spirales, ses jets de feu, et se termina par une formidable explosion qui réveilla tous les échos de la vallée.

Ces pacifiques fêtes de l'agriculture stimulent le zèle des cultivateurs, qui se montrent jaloux de posséder des médailles témoignant de leurs succès.

Les bêtes primées sont fort recherchées et payées à un très-haut prix.

Les sociétés agricoles ont introduit dans le pays des animaux et des instruments perfectionnés, et on doit leur attribuer les progrès rapides de notre agriculture.

La ferme des Ormes fut citée comme une des mieux cultivées; M. Leclerc obtint, pour un magnifique lot de moutons à laine fine, une médaille, dont il paya généreusement la valeur à son berger.

Ce berger, un vieux brave homme né dans le pays, et dont toute la vie avait été employée à conduire les troupeaux, passait pour être un peu sorcier.

Le président du concours le connaissait, pour l'avoir récompensé plusieurs fois ; il lui dit gaîment, en admirant ses moutons :

— Je crois, mon ami, qu'on vous accuse avec raison d'un peu de sorcellerie. Vous devriez bien, dans l'intérêt du pays, nous dire à quel secret vous êtes redevable de la prospérité de votre troupeau.

— Mon secret est bien simple, allez, monsieur, répondit le berger : j'aime mes bêtes et je les soigne en conséquence.

Il fallut coucher à Bolbec. M. Leclerc fit, le lendemain, une agréable surprise à ses élèves, en leur proposant une promenade jusqu'à Lillébonne.

La route est excellente; elle suit la vallée à travers de jolis sites et longe la magnifique propriété des Valasses, créée par M. Fauquet-Lemaître, l'un des riches industriels bolbécais, que la mort vient de frapper. Charmé de la beauté du paysage, il semble que l'on ait franchi en quelques instants les dix ou douze kilomètres qui séparent les deux villes.

Lillebonne, devenue l'annexe de Bolbec, compte plusieurs établissements industriels où l'on fabrique de l'indienne. Elle offre aux investigations de l'antiquaire de vieux débris du peuple souverain; car elle a succédé à l'antique *Juliobona*, bâtie par les Romains pendant leur domination sur les Gaules. En créant la route de Rouen au Havre, on a découvert un vaste cirque comblé de terre, et l'on a déblayé les gradins circulaires sur lesquels se pressaient les vainqueurs du monde.

Sous l'impression de leurs souvenirs classiques, Émile et Henri ne pouvaient se lasser de contempler ces restes d'une grandeur passée. Il fallut leur rappeler plusieurs fois que, la route étant longue, l'heure du départ avait sonné depuis longtemps.

En revenant à la ferme, on parla de ce qu'on avait vu au concours. Émile, étonné du grand nombre d'instruments aratoires qui y figuraient, demanda à M. Leclerc si tout ce matériel était nécessaire.

— Oui et non, répondit-il. Je me suis borné jusqu'à présent à acquérir les instruments tout à fait indispensables ; mais je me propose d'employer une partie de mes bénéfices à compléter ma collection. Ce sera de l'argent bien placé ; car mon revenu s'en augmentera.

Les instruments agricoles ont été longtemps peu nombreux et d'une simplicité toute primitive; ce n'est que d'hier que l'attention des mécaniciens s'est portée de ce côté. Les créations et les perfectionnements ont été rapides ; l'Angleterre, surtout, possède un matériel agricole complet. Dans cette île, où la terre est rare et chère, on a dû chercher tous les moyens d'augmenter son rendement, et la culture y est devenue industrielle plus tôt que partout ailleurs. De là ce grand mouvement qui a élevé l'art de cultiver les terres au niveau d'une science, cette admirable modification des animaux, qui se sont pliés aux caprices de l'homme et donnent la chair ou la laine telle qu'on la désire. Le drainage a rendu cultivables des terrains stériles, des plaines marécageuses. On a compris de bonne heure, enfin, en Angleterre, la puissance des capitaux et cette vérité, qui commence à être admise en France, que mieux vaut cultiver une étendue en rapport avec l'argent dont on dispose, employer de bons instruments et fumer largement, que de promener la charrue sur de vastes espaces où l'on dissémine le travail et l'engrais sur trop de points à la fois. La culture maraîchère offre un exemple frappant qu'un travail assidu triple la production.

Les peuples anciens, opérant sur un sol neuf, se bornèrent d'abord, comme le font encore les Arabes en Egypte, à gratter en quelque sorte la terre. Un jeune arbre dont la bifurcation formait une pointe fut la première charrue et donna naissance à l'*araire*. Cet instrument, composé d'une longue pièce de bois sur laquelle s'exerce le tirage, porte un soc, dont la forme varie selon les lieux, et deux mancherons servant à le diriger. Le laboureur fait pénétrer plus ou moins le soc, selon qu'il soulève les mancherons ou qu'il pèse sur eux. L'araire est en usage dans beaucoup de contrées ; elle a été perfectionnée avec soin, et d'éminents cultivateurs en préconisent l'emploi.

La charrue dite à avant-train est portée sur deux roues, et l'*aye* ou la *haie* fait, avec le plan de l'essieu, un angle dont l'ouverture se détermine à l'aide de chaînes et d'un mouvement de bas en haut de la pièce supérieure du corps de l'essieu. Les mancherons servent à imprimer au soc une bonne direction, le tirage se transmettant de l'attelage à la haie suivant un enfoncement déterminé. C'est la forme habituelle de la charrue cauchoise : elle convient aux terrains de résistance moyenne. Elle est facile à conduire. Cependant, sa construction grossière présente bien des défauts qui m'auraient empêché de l'adopter ainsi : le déplacement du point de traction s'opère à l'aide de chevilles qui peuvent se rompre ou se perdre ; on varie encore le point d'appui de la haie par des chevilles; dans les pentes, la haie, glissant brusquement sur la pièce qui la soutient, se déplace par soubresauts, et l'enfoncement n'a pas de régularité. Ces graves défauts compensaient trop les avantages pour que je ne cherchasse pas un meilleur modèle : je l'ai trouvé.

Un cultivateur de Fécamp, M. A. Fauvel, a apporté à la charrue cauchoise des perfectionnements remarquables. Il a placé la haie en équilibre sur un chandelier portant un demi-cercle mobile susceptible d'un certain mouvement d'amplitude. Cet appareil glisse sur la pièce supérieure du corps d'essieu à l'aide d'une forte tige, portant un pas de vis et mue par une petite manivelle. La longueur des chaînes se règle par des vis de rappel; un étrier contenant trois divisions modifie l'action du tirage sur le soc. En réglant bien cet appareil, on obtient une égale profondeur de raie, quelle que soit l'inclinaison du champ. Le soc et la pointe sont en fonte ; et cette matière, outre qu'elle procure une économie notable, donne une raie plus nette que le fer. Je m'en suis donc tenu à cette charrue, parfaitement appropriée à notre sol inégal, dont l'entretien est facile et que tous les domestiques sont aptes à diriger; car je ne me dissimulais pas que j'aurais peut-être peine à modifier leurs habitudes.

La *herse* forme un carré parfait, rempli de barres croisées entre elles et portant à leur intersection des pointes de fer. On la fait passer sur les terres labourées, pour en égaliser la surface, briser les mottes et ramasser les racines des mauvaises herbes. On fait encore passer la herse sur les blés au printemps, lorsqu'il est nécessaire de regarnir des pièces dévastées par les animaux ou par la gelée qui a fait gonfler la terre.

Le *rouleau* est un gros cylindre en fonte, dont l'axe est fixé sur un bâtis en forme de carré long; il sert à écraser et à émietter les mottes, à tasser la terre après les semailles, ou quand les jeunes plantes ont été déchaussées par la gelée et par le vent.

On désigne sous le nom de *herse Bataille* un appareil de forme triangulaire, porté sur trois roues et muni d'un certain nombre de socs aplatis, dont on règle l'entrure à volonté. Il sert à faire promptement des labours superficiels, à biner le terrain, à détruire les mauvaises herbes; il travaille vite et bien.

Le semis des grains à la volée sera bientôt remplacé partout par le semis en lignes. Cette idée n'est pas nouvelle, du reste; car les agronomes du siècle dernier ont tenté plusieurs essais que l'imperfection des instruments a fait échouer. Aujourd'hui l'on construit de bons semoirs, dont les formes varient aussi bien que le prix et qui fonctionnent bien. Les avantages résultant de l'emploi de cette machine se traduisent par une économie de semence et une augmentation de rendement.

Après avoir employé de petits semoirs qui m'ont servi pour des essais comparatifs, j'ai acheté le *semoir Garrett*, qui a figuré à Fécamp lors de l'exposition agricole; il ouvre de petites raies où le grain est déposé avec régularité et recouvert d'une légère couche de terre. On sème ainsi dix lignes à la fois. Il est fâcheux que tous les fermiers ne puissent pas faire cette dépense.

J'ai encore une *binette* qui se pousse à bras d'homme, et une *houe* à cheval pour la culture des plantes sarclées. J'ai acheté pour le même objet une jolie petite charrue fouilleuse exposée à Fécamp; son travail de taupe détruit parfaitement les végétations parasites.

J'ai une collection de *fourches* faciles à manier, légères, à dents solides, et très-bonnes pour l'arrachage des racines. La fourche à fumier est pourvue d'un manche plus long. Un *bident* emmanché d'une longue branche de frêne sert à placer les gerbes sur les chariots. On emploie aussi les fourches de bois pour retourner sur le sol les plantes fourragères.

Une lame tranchante faisant un angle avec un

manche *façonné* avec soin se voit dans la main de la figure mythologique du Temps. C'est la *faux*, qui a remplacé chez nous la faucille, même pour les céréales. On entretient le tranchant de la lame en l'aiguisant à l'aide d'une pierre trempée dans un mélange d'acide sulfurique et d'eau.

Nous avons vu fonctionner sur la ferme de M. A. Fauvel, à la Roquette, et sous la direction de M. Brunier, ingénieur à Rouen, une machine américaine à faucher le blé, avec un râteau automate.

Elle se compose d'une plate-forme portée sur des roues basses et dont l'avant est muni de pointes de fer faisant saillie, entre lesquelles passe une scie qui reçoit un mouvement de va-et-vient transmis par les roues. Quatre ailes légèrement courbées tournent dans le sens du mouvement, saisissent les tiges de blé, tandis que la scie les coupe à quelques centimètres du sol. Elles tombent sur la plate-forme; là, un râteau, mû par des articulations ingénieuses, imitant le mouvement du bras de l'homme, saisit la javelle et la dépose à terre.

Cette machine a sa place dans les pays de grande culture où les bras sont rares; elle doit rendre de grands services en Amérique et serait utilement appliquée en Algérie.

Comme la rapidité avec laquelle elle opère est vraiment merveilleuse, il faut espérer qu'on la perfectionnera encore et qu'elle prendra place parmi les instruments de nos fermes.

Son emploi serait surtout avantageux dans les années pluvieuses, alors qu'il importe de mettre promptement d'importantes récoltes à l'abri des intempéries.

On ramasse avec de grands râteaux de bois les fourrages et les épis restés sur les champs.

Je vous ai parlé déjà des tonneaux à arrosement ; il est donc inutile d'en donner une nouvelle description. Il est encore un autre appareil que l'on doit avoir dans toutes les fermes exposées à manquer d'eau. C'est le tonneau servant à transporter ce liquide, qu'il faut souvent aller chercher au loin. Il se compose d'une ou de deux barriques posées sur une charrette; mais ce mode est vicieux, en ce qu'il exige le tirage de plusieurs chevaux. Un tonneau traversé par un axe servant d'essieu et tournant en même temps que les roues, serait beaucoup plus facile à traîner.

Le *banneau* sert à transporter le fumier, les amendements et même les denrées au marché. C'est un tombereau sans brancards posé en équilibre sur un essieu et s'attachant par une cheville à un avant-train. Il suffit de retirer cette cheville pour que la moindre charge en arrière lui imprime un mouvement de bascule qui détermine la chute du fumier. Cette voiture n'a qu'un défaut : c'est d'être lourde à traîner, à cause de la résistance des petites roues de l'avant-train. J'ai combattu cet inconvénient en calculant rigoureusement la résistance que devaient présenter les fusées des essieux et les réduisant au diamètre indispensable pour la charge qu'elles ont à supporter. Ce moyen fort simple a réduit les frottements dans une forte proportion.

Le *chariot* est une longue voiture à avant-train, dont le fond et les côtés reçoivent un plancher. On le charge de gerbes, de grains, de colza, de betteraves, de pommes. Il est fort commode pour livrer de grandes quantités; mais il a l'inconvénient de nécessiter un attelage de quatre chevaux.

J'ai fait établir une légère voiture à quatre roues, destinée à porter les denrées au marché ; elle n'exige qu'un ou deux chevaux, et le conducteur est assis sur un petit siége établi en avant.

La simple *brouette* tient sa place dans le matériel d'une ferme. Sa construction est simple et telle qu'on peut y ajouter un coffret.

On doit être muni de larges toiles à battre le colza et de *civières* garnies de toiles pour le même objet. Cependant on les achète rarement, parce que l'on trouve facilement à les prendre en location pour quelques jours. Je préfère les avoir en ma possession, afin de battre au jour et à l'heure qu'il me plaît.

Jusqu'à nos jours on a battu le blé à bras d'homme, en France du moins ; car on prétend que les anciens employaient une machine à cet usage.

Le *fléau* est une pièce de bois dur et poli articulée avec un manche assez long. Le batteur le soulève et le fait retomber sur les épis. Dans le Midi, on fait dépiquer le blé par des chevaux.

Les grandes fermes n'occupent plus guère de batteurs en granges; elles les ont remplacés par des machines à battre, qui sont très-nombreuses dans la Seine-Inférieure; mais il en est beaucoup d'anciennes dont le travail est très-imparfait, et l'on conçoit le tort que l'on éprouve, s'il reste seulement un grain de blé dans chaque épi. Il importe donc de choisir un bon modèle bien exécuté et de ne pas faire de fausse économie. Chez nous, on a voulu jusqu'à présent des machines battant la paille en long, parce qu'elles la brisent peu et qu'on peut l'utiliser pour la couverture des toits. Dans toute ferme bien tenue, les toits de chaume doivent être remplacés par la tuile ou l'ardoise, et l'on donne la paille aux bestiaux. Il faut alors préférer le battage en travers. Quel que soit le système adopté, la séparation du grain doit toujours être parfaite. Les appareils de ce genre sont ordinairement mus par un manége.

Pour nettoyer le grain, on a substitué la *vanneresse* au *van*. Une roue à palettes détermine un fort courant d'air; les balles, la poussière, sont enlevées, et le grain en sort bien nettoyé.

Souvent on hésite à battre une grande quantité de blé, parce qu'il est difficile de le conserver ainsi et qu'on n'en a pas toujours le placement immédiat. Le blé étalé dans les greniers en couches assez minces cependant, en raison de son poids, s'échauffe; les charançons s'y développent et rongent l'intérieur des grains; il faut donc remuer les tas pour contrarier l'éclosion de ces insectes. Pour simplifier cette opération, la rendre plus efficace et mettre le blé à l'abri des animaux rongeurs, voici le moyen que j'ai préféré.

J'ai fait poser dans le grenier, et debout sur un chantier, des barriques de la contenance de deux hectolitres; un trou pratiqué à la partie supérieure permet l'introduction du grain à l'aide d'une trémie; il se ferme par un panneau à coulisse. Il existe également à la partie inférieure des douves une ouverture moins grande et fermée à coulisse. Lorsqu'à l'exception de la première, elles sont pleines, et que l'on redoute l'altération du grain, on le laisse glisser par le panneau inférieur, on le reçoit dans un van et on le fait glisser dans le premier tonneau. On agite celui qui vient d'être vidé, et on le remplit en suivant le même procédé. Le blé se conserve bien, si l'on a soin de renouveler assez souvent cette opération.

De cette façon, on peut débarrasser plus tôt la grange et être toujours prêt à livrer une assez grande quantité de grains.

Il est nécessaire de couper la paille en fragments courts avant de la donner aux bestiaux, et le *hache-paille* fait ce travail avec promptitude et régularité. C'est un disque portant des lames courbes entraînées par un mouvement de rotation, qui tranchent nettement la paille engagée dans une conduite.

Nous employons aussi le *coupe-racine*, dont le nom désigne suffisamment l'usage. L'un de ces instruments, exposé à Fécamp, se composait d'un tambour portant dans un sens des saillies quadrangulaires évidées et à bords tranchants, et dans l'autre des saillies plus petites. Il marchait dans l'un et dans l'autre sens, donnant à volonté des fragments de racines de deux grosseurs différentes.

Je ne vous ai parlé que des machines en usage dans notre pays, et encore dans trop peu de fermes. Vous voyez cependant de combien d'instruments il faut se pourvoir pour bien cultiver.

Nous causerons plus tard du pressoir et de la distillerie que j'ai fait monter ; je trouverai l'occasion d'y revenir.

Nous nous occuperons demain des plantes cultivées dans le pays de Caux, en procédant toujours de la même façon, c'est-à-dire en recherchant leur origine, énumérant les soins qu'elles réclament et établissant ce qu'elles fournissent.

IX.

On a dit avec raison qu'il fallait bien que le blé eût d'abord poussé quelque part; cependant on ne le trouve pas à l'état sauvage, et son origine est inconnue. J'ai bien entendu dire qu'on le créait à volonté par le perfectionnement d'une plante de la famille des graminées. Un pharmacien de Rouen, botaniste distingué, a démontré la fausseté de cette assertion.

Quoi qu'il en soit, le blé était cultivé dès les premiers âges. Les anciens en attribuaient l'honneur à Triptolème, à qui Cérès avait fait ce don merveilleux. Les Egyptiens prétendaient le tenir de Junon, et ils surent bien profiter de ce présent.

Toutes les terres ne conviennent pas à la culture du blé. Le premier soin d'un agriculteur intelligent est de s'assurer de la qualité de ses terres, afin d'y remédier, si cela est nécessaire.

Deux éléments dominent généralement dans les terres et les font diviser en sols calcaires et sols argileux. Les terres dans lesquelles le calcaire est trop abondant se travaillent facilement ; elles sont légères, poreuses, et se laissent pénétrer par l'eau ; mais elles se dessèchent promptement ; et comme elles sont tour à tour inondées ou brûlantes, le blé, qui ne s'accommode point de ces variations, n'y croît pas ou n'y donne que de très-médiocres produits.

Les terres dans lesquelles l'argile est en excès ne se laissent pas sans beaucoup de peine entamer par la charrue; quand elles sont humides, elles empâtent les instruments ; quand elles sont sèches, elles opposent la résistance de la pierre. Elles absorbent l'eau, mais elles la retiennent si longtemps, que le grain s'y pourrit ; et s'il vient à pousser, les jeunes tiges sont bientôt étranglées, parce que la chaleur dessèche et crevasse la surface du sol.

Le mélange du calcaire et de l'argile dans des proportions convenables forme une terre excellente, surtout s'il y entre une certaine quantité de sable. Un sol humide et froid donne des grains de qualité inférieure, dont l'écorce est épaisse et qui ne contiennent guère de farine. Une terre chaude et bien fumée produit moins de paille, mais de plus beaux épis, des grains plus lourds et mieux fournis.

Outre l'écorce et la farine, le blé renferme une substance gélatineuse et grisâtre qu'on nomme le gluten.

Le gluten est la partie la plus nutritive du blé; c'est elle qui lie la pâte, la rend élastique et la fait lever promptement. Plus le terrain est bon, mieux il est préparé et fumé, plus le blé est riche en gluten. Mais si bon, si bien préparé qu'il soit, il ne pourrait produire du blé pendant plusieurs années de suite, par la raison que je vous en ai déjà donnée, et que vous vous rappelez sans doute.

— Parfaitement, dit Emile. Le blé, comme toutes les plantes de la famille des graminées, émet des racines peu profondes et ne se nourrit que des sucs qu'il trouve presque à la surface du sol. Ces sucs ne tardent point à s'épuiser; c'est pourquoi il est indispensable de faire succéder à une récolte de blé la culture de quelque autre plante qui demande à la terre une nourriture différente.

— Très-bien, mon cher Emile; vous avez compris et retenu cela d'une de nos premières leçons; j'en conclus que vous ferez un excellent agriculteur, si vos idées continuent à se porter de ce côté. Vous vous rappelez aussi que pour remédier à l'épuisement du sol, on n'avait autrefois rien trouvé de mieux que de le laisser reposer; mais la population s'est augmentée, il faut la nourrir;

on ne veut plus de terres improductives, et l'on a raison. Nous avons supprimé la jachère; mais comme il faut du fumier pour avoir du blé, nous fumons le champ que nos pères auraient laissé inculte et nous y plantons des pommes de terre ou des betteraves, qui nous donnent une abondante récolte, et qui n'empêchent pas le blé de profiter de l'engrais dont elles-mêmes ont profité d'abord. Il est même à remarquer que le blé réussit mieux quand la fumure a servi à la culture de ces plantes; d'ailleurs elles exigent des travaux qui débarrassent le sol des mauvaises herbes et le rendent plus meuble, plus accessible à l'air et au soleil. Il est bon cependant qu'après le dernier labour, qu'on a soin de faire peu profond, la terre reste en petites mottes à l'entrée de l'hiver; la neige s'y trouve retenue, et quand elles se fendent à la suite des gelées, elles rechaussent le blé et en raffermissent les racines.

Il y a différentes espèces de blés, qu'on désigne sous le nom de blés durs, tendres et demi-durs. Les premiers sont les plus fournis en gluten; mais on ne les sème avec un plein succès que dans le Midi. Les blés tendres donnent une farine plus blanche que les blés durs, mais moins nourrissante. Les blés demi-durs, qui participent aux qualités des deux autres, sont généralement préférés.

Le bon blé est lourd, sec et foncé en couleur. Quand on en achète, il faut tâcher de le bien choisir, surtout si on le destine à la semence. Il en est de même de toutes les graines, et l'on sait cela, pour peu qu'on se soit occupé de jardinage.

Quant à moi, je choisis pour la semence le blé de mon meilleur champ, et je ne l'emploie pas sans l'avoir fait passer dans un crible qui laisse échapper tous les petits grains et ne retient que les plus beaux. Cette précaution coûte bien peu, et elle est très-utile.

Après des labours et des hersages suffisants, on sème généralement le blé à la volée. Le semeur passe sous son bras un sac dont le fond est soutenu par son épaule; il saisit le grain par poignées et le jette en faisant décrire à sa main un arc de cercle et en faisant des pas égaux.

Disons tout de suite que la moyenne du rendement par hectare, d'après cette méthode, est, pour le canton de Fécamp, de vingt-deux hectolitres et demi dans les années ordinaires. Elle augmente parfois dans une forte proportion; mais ce chiffre nous prouve la négligence de certains fermiers, qui retirent bien moins que cela de leurs terres, puisque l'on comprend, dans l'établissement de la moyenne, des cultivateurs qui obtiennent trente-neuf et même quarante-quatre hectolitres par hectare. Et c'est le lieu de faire remarquer les conséquences d'un travail bien raisonné : tandis que les uns portent au marché, une égale étendue de terre étant supposée, vingt hectolitres de blé, qui, vendus à raison de 18 fr., donnent une somme de 360 fr., d'autres disposent de quarante-quatre hectolitres et reçoivent 792 fr.

La seule méthode rationnelle de cultiver le blé consiste à le semer en lignes. Outre qu'elle permet d'entretenir la terre très-propre, qu'elle fait végéter plus vigoureusement les pieds convenablement espacés, elle a l'avantage d'épargner une notable dépense. En effet, le semis à la volée exige deux cent trente litres de grain par hectare; le semis en lignes, de cinquante-quatre à cent cinquante litres, selon que l'on opère à la main ou avec des instruments. L'économie, enfin, peut être évaluée aux deux tiers. Puisque les semailles absorbent, dans le seul canton de Fécamp, quatre mille cent soixante-quinze hectolitres de froment, on pourrait en épargner, par le système préconisé par M. Girardin, deux mille trois cent soixante-quinze hectolitres, représentant, à 18 fr., la somme de 42,750 fr.

Pour moi, je me sers avec succès du semoir Garrett : le grain est déposé également, placé à une bonne profondeur et recouvert de façon à assurer la germination et à le mettre à l'abri des oiseaux pillards. Il a bien à souffrir des taupes et des mulots; mais je leur fais une guerre d'extermination; je n'hésite même pas à recourir au poison, en prenant toutefois les précautions que la santé publique réclame.

La plante se développe bien, la tige se dresse verte et forte.

Mais parfois la gelée fait gonfler la terre; un vent sec déracine les plantes en émiettant la terre; il faut alors passer le rouleau, qui comprime toute la surface. Les limaces dévorent les feuilles; on les brûle avec de la chaux en poudre. Enfin, la pluie charge les épis; ils se renversent l'un sur l'autre comme des soldats de carton; ils versent, laissant de vastes clairières sur lesquelles s'abattent les corbeaux et les moineaux, qui causent un dégât considérable.

Cependant ce dernier inconvénient n'est guère à redouter, quand on admet une bonne rotation qui amende les terres et leur laisse assez de silice pour assurer aux plantes une résistance suffisante.

Vous voyez combien cette précieuse céréale demande de surveillance et de soins.

Enfin, les épis se dorent aux feux du soleil, les feuilles se dessèchent, et un léger craquement se fait entendre dans la campagne. Les faucheurs agitent la longue lame de leur faux; les épis tombent réunis en javelles. Quelques jours de pluie feraient germer le grain, et l'on n'aurait que du pain noir. On ramasse donc les javelles et l'on en forme des gerbes qui sont soutenues par un fort lien de paille; puis on dresse plusieurs de ces gerbes la tête en haut, et on les couvre d'une gerbe renversée formant toiture. C'est la meilleure manière d'établir des *veillottes*, où le blé se conserve très-bien.

On profite d'un beau temps pour rentrer le blé

dans la grange. Si elle n'est pas assez vaste, on y supplée en établissant des *meulons*, énorme amas circulaire de céréales recouvert d'un toit conique en paille.

Comme la couche la plus voisine du sol est exposée dans les meulons à l'humidité, et comme les petits animaux rongeurs y trouvent un accès facile, j'ai évité ces inconvénients à l'aide d'une faible dépense. J'ai fait établir des bâtis en bois du Nord, faciles à monter et à démonter, dont les six montants sont posés sur des pierres plates. Le plancher, composée de traverses placées à trente centimètres les unes des autres, est posé à cinquante centimètres du sol, et le toit, établi sur des voliges, est en chaume comme à l'ordinaire. L'ensemble a la forme d'une maisonnette. De cette façon, l'air circule librement dans le tas, et les souris n'y pénètrent que difficilement.

Le blé est sujet à une maladie qu'on nomme carie. On l'en préserve en mettant tremper dans de l'eau de chaux, additionnée d'un peu de sel, le grain destiné à la semence. La carie n'est autre chose qu'un petit champignon qui se développe en même temps que la fleur du blé, et qui, tout en laissant au grain son apparence ordinaire, remplace par de la poussière la farine qu'il doit contenir. Le chaulage est donc une opération indispensable ; on la redoutait autrefois, parce qu'on y employait des substances dangereuses que l'eau de chaux remplace avantageusement.

Quand on n'avait pas encore adopté cet usage, les champs se couvraient d'épis gâtés; à peine sauvait-on le tiers de la récolte, déjà bien diminuée par les chardons, les coquelicots et les bluets qui envahissaient une partie du champ.

On a vraiment accepté un grand nombre d'innovations, et le temps n'est pas éloigné où tous les cultivateurs imiteront entièrement ceux qui récoltent le plus.

Or, si l'on récolte autant de blé sur une moindre étendue, il n'en reste que plus de place pour le lin et le colza, qui font aussi entrer de bons écus dans la poche des fermiers soigneux.

Le blé a été très-anciennement cultivé. L'Egypte était autrefois regardée comme le grenier du monde. Elle produisait des blés durs d'excellente qualité, et le même sol en donnait tous les ans, parce que le Nil, en répandant sur les terres de riches alluvions, fournissait au précieux grain de nouveaux aliments. On ignore quels procédés les Egyptiens employaient pour extraire la farine du blé; on suppose qu'ils se servaient de moulins à bras. Mais ils connaissaient la manière de faire lever la pâte, puisque Moïse ordonna aux Israélites, captifs en Egypte, de faire du pain sans levain pour manger l'agneau pascal.

Les Gaulois, nos ancêtres, semaient aussi du blé; ils le réduisaient en farine grossière, sous ces petites meules en poudingue que l'on voit dans les musées d'antiquités. Les Romains eux-mêmes n'avaient que des moulins fort imparfaits; lorsqu'ils renoncèrent à ces instruments primitifs, ils les remplacèrent par des meules que des esclaves faisaient mouvoir à l'aide de grandes roues à chevilles. Plaute, célèbre auteur latin, fit longtemps ce métier.

Les moulins à eau ne furent inventés que peu d'années avant l'ère chrétienne; les moulins à vent ne furent introduits en France qu'après les croisades, et c'est seulement à la fin du siècle dernier que les premiers moulins à vapeur furent établis en Angleterre.

Dans ces usines perfectionnées, le blé donne une farine plus belle et plus abondante que dans les autres moulins, où le gruau reste le plus souvent mêlé au son. Le son est le produit de l'écorce, et le gruau en est la partie la plus voisine. Il sert à la fabrication des pains de luxe, dont la mie est très-blanche et la croûte à peine dorée.

Les meules de moulin sont faites d'une espèce de silex très-dur et semé de petites pointes qui le rendent mordant. Le blé écrasé par ces meules est bluté, c'est-à-dire passé dans un tamis qui ne laisse pas échapper le son, puis dans d'autres tamis de plus en plus serrés, selon la finesse de farine qu'on veut obtenir.

Vous avez vu ce matin faire le pain, et votre attention m'a prouvé que vous assistiez pour la première fois à la transformation de la farine en pâte.

— C'est la vérité, dit Henri; et je vous avoue, monsieur Leclerc, que je me sentais bien honteux d'être arrivé à dix-huit ans sans savoir encore comment se fabrique le pain que je mange.

— Cette ignorance n'a rien qui m'étonne, mon ami. Beaucoup d'hommes meurent de vieillesse sans s'être jamais demandé comment le blé qu'ils voyaient onduler dans les champs au souffle de la brise pouvait devenir du pain.

— Emile et Henri n'ont pas tout vu, dit Léonie; ils ne savent pas que Marguerite avait préparé le levain hier au soir; car ils sont arrivés quand elle avait fini de le délayer dans sa farine. Si l'on faisait le pain sans y mettre du levain, la pâte serait lourde et très-difficile à digérer; au lieu des belles miches si bien renflées que nous retirons du four, nous n'aurions que des espèces de galettes minces et sèches, qui ne vaudraient pas, je vous l'assure, celles dont Mme Leclerc nous a régalés au déjeuner.

— Votre sœur a raison, mes amis, reprit M. Leclerc. Pour que le pain mérite réellement ce nom, il faut que le sucre contenu dans la farine entre en fermentation, et cette fermentation s'opère par l'action du levain.

Chez nous, comme dans les ménages où l'on fabrique le pain destiné à la consommation de la famille, on réserve une portion de pâte, qui s'aigrit et qui sert de ferment pour la cuite suivante. La veille du jour où l'on doit faire le pain, on délaie cette petite portion dans une certaine quantité d'eau modérément chauffée, et l'on en fait une pâte qui le lendemain est soigneusement mêlée à la pâte nouvelle qu'elle met en fermentation. Quand on peut se procurer de la levure de bière, il faut moins de levain, et le pain est meilleur, parce qu'il est moins aigre.

Plus il y a de gluten dans la farine, plus la pâte est longue et plus les petites cellules ou les yeux qui s'y forment sont nombreux. Ces yeux sont remplis d'acide carbonique et rendent le pain léger.

— Mais l'acide carbonique n'est donc pas un poison ? demanda Léonie.

— Non, mon enfant. C'est l'acide carbonique qui donne aux boissons mousseuses leur agréable grimpant. Ainsi, le vin de Champagne, le cidre que vous aimez tant, l'eau de Seltz que vous buvez avec tant de plaisir lorsqu'il fait chaud, contiennent de l'acide carbonique.

— Cependant, quand l'air renferme trop d'acide carbonique....

— Il devient impropre à la respiration de l'homme et des animaux, et la mort peut être le résultat d'un séjour trop prolongé dans cet air; mais on meurt asphyxié et non pas empoisonné. Quand un commencement d'asphyxie se manifeste, on n'a pas à faire prendre de contre-poison; ouvrir les fenêtres est un remède suffisant.

— Je suis bien aise de le savoir. Il me reste

encore une question à vous faire à propos des plantes qui aspirent l'acide carbonique et exhalent de l'oxygène. Pourquoi, s'il en est ainsi, défend-on de mettre des fleurs dans les chambres à coucher?

— Parce que c'est seulement par leurs feuilles et sous l'influence de la lumière que les plantes jouent ce rôle bienfaisant; les fleurs exhalent en tout temps de l'acide carbonique, et les feuilles en laissent aussi échapper la nuit. Il en est de même des fruits mûrs; il faut éviter avec soin d'en enfermer dans les chambres où l'on se tient ordinairement et surtout dans celles où l'on couche.

— Je pensais hier à vous adresser cette question. Ce que vous nous avez dit de l'acide carbonique contenu dans le pain m'en a fourni l'occasion.

— Vous avez bien fait, ma chère Léonie; ce n'est qu'en interrogeant qu'on s'instruit. Je vous disais donc que la quantité de gluten contenue dans la farine influe sur la longueur de la pâte et le nombre des yeux qui s'y forment. Ce n'est pas que le gluten fasse le pain plus blanc, mais il le rend plus nourrissant, et c'est là le point principal. Je ne comprends pas comment on a renoncé, dans la plupart des fermes, à confectionner le pain qui s'y consomme. Outre que l'on a ainsi l'occasion de servir à peu de frais, aux gens de travail, des galettes dont ils se montrent très-friands, on mange un pain bien fait, bien cuit, très-nourrissant, et ne renfermant que la quantité d'eau nécessaire à la panification. La farine blutée à dessein à un moindre degré, pour cet usage, donne une pâte de couleur bise, mais dont la saveur est bien plus agréable.

La tendance de la meunerie est fâcheuse, et les consommateurs ont accueilli trop légèrement des innovations qui tournent à leur préjudice. On veut du pain très-blanc; il faudrait exiger du pain nourrissant et sain. En effet, le blutage excessif que l'on fait subir aux moutures donne une farine maigre et rendant peu. On élimine ainsi les parties nutritives que le son retient en notable quantité; car c'est une erreur de croire que ce produit est inutile à l'alimentation. On s'est nourri très-longtemps de pain bis, et un caprice seul a fait rechercher le pain blanc pour l'usage ordinaire; la manie d'imitation, qui exclut le raisonnement, en a étendu l'usage. Les personnes riches ayant admis le pain très-blanc et fait au levain de bière, les ouvriers ont mis toute leur ambition à agir de même; autant vaudrait alors que tout le monde consommât du pain de gruau. On a donc mis au rebut et donné aux animaux près du cinquième d'un aliment indispensable à la population. Si les personnes aisées avaient le bon esprit de renoncer à un usage que rien ne justifie, ni l'économie, ni le goût, elles seraient encore imitées, et l'on augmenterait, par cela même, la masse du blé dans une proportion telle, que l'on serait à l'abri des chertés excessives dont on a souffert pendant plusieurs années.

Vous mangez avec trop de plaisir notre pain bis, au levain de pâte, pour que je me crois obligé d'en faire l'éloge. Votre goût vous prouve qu'en mangeant du pain blanc, vous obéissez seulement à la mode.

— J'espère bien, mon cher Emile, dit Léonie, que, quand tu seras cultivateur, on fera le pain chez toi. C'est moi qui serai ta ménagère; et quand on cuira, je te régalerai de brioche, de galette, de tarte aux prunes et de boules aux pommes; car tout cela est excellent.

— C'est convenu, répondit Emile en riant. Nous ferons le pain tous les jours, pour avoir un prétexte de faire de la pâtisserie.

— Nous en aurions bientôt assez : on se lasse de tout, excepté du pain. Aussi doit-il falloir d'énormes quantités de blé.

— Oui, dit M. Leclerc. On assure que, pour sa part, la France seule en consomme cent cinq millions d'hectolitres, et l'on prétend qu'il faudrait, pour transporter tout ce grain, une si longue file de voitures, que si elles étaient attelées chacune d'un seul cheval, elles pourraient entourer toute la terre.

— Je comprends que vous ne soyez point embarrassé de votre récolte; cependant, en voyant la multitude de gerbes dont vos champs étaient couverts, je me demandais ce que vous en feriez.

— Nous vendons ce que nous ne pouvons consommer, lorsque nous avons mis de côté notre semence; mais comme la récolte à venir est toujours incertaine, nous avons notre provision pour une année d'avance. Vous savez que le blé se conserve très-bien, puisqu'on en a trouvé dans les tombeaux des Pharaons, et que ce grain a donné de magnifiques épis. Cependant le blé nouveau est encore préférable pour la semence à celui des années précédentes. C'est en vendant son grain que le cultivateur réalise la meilleure partie de son bénéfice; il faut y ajouter le prix du bétail gras, des plantes industrielles et des plantes fourragères que le bétail ne consomme pas. Toutefois, comme je ne veux pas avoir recours à la jachère, et que notre terre ne se renouvelle pas, comme celle de l'Egypte, par une couche d'alluvions, je ne vends ni betteraves, ni pommes de terre, ni carottes; j'aime mieux augmenter le nombre de mes machines à fumier, puisque, comme vous le savez, les bestiaux seuls peuvent fournir l'engrais bon et durable, dont le sol a besoin pour produire des grains en abondance.

On ne peut avoir de bestiaux sans assurer leur nourriture toute l'année, aussi bien l'hiver que l'été. De là, la nécessité de semer des végétaux destinés à cette consommation, des plantes fourragères qui, demandant peu à la terre, ne consomment pas le fumier qu'elles aident à produire.

Ces plantes réclament une certaine place dans l'étendue qui constitue l'exploitation. Il a donc fallu diviser le terrain, en assignant à chaque culture un emplacement suffisant et en déterminant l'époque où elle peut revenir sur la même partie. L'infériorité de notre culture, considérée dans l'ensemble de la France, tient à ce que les prairies, les fourrages, n'occupent pas assez de place. Pour nous en tenir au canton de Fécamp, déjà bien privilégié, nous trouvons à peine une tête de gros bétail par hectare de terre cultivée ; le rapport des plantes épuisantes aux plantes fourragères y est de 31 pour 10. En Angleterre, il est de 10 pour 10. Cette proportion est certainement tout à l'avantage de la production des animaux, dont le nombre est triple.

Un progrès en amenant un autre, on apprit bientôt que la pomme de terre, les carottes, les betteraves ont une heureuse influence sur la santé des bestiaux, les engraissent rapidement et augmentent la masse du fumier, en permettant de nourrir un plus grand nombre de têtes. On sema donc des racines ; mais il fallut leur donner une partie des engrais qu'elles aidaient à acquérir. En outre, semées en lignes, elles laissaient à nu une partie du sol jusqu'au développement de leurs feuilles, et il y poussait des plantes parasites, qui absorbaient à leur profit une partie des sucs nourriciers. Cela avait bien lieu dans les semis à la volée; mais on n'y savait de remède que le sarclage à la main. Entre les lignes il était facile de biner la terre; on fit d'abord ce travail à la bêche, puis avec des instruments qui travaillent vite et bien; enfin, on reconnut qu'il était nécessaire de butter les plants : des instruments rejettent la terre de chaque côté et donnent à l'espace réservé entre les lignes la figure d'un V. Tout ceci étant propre à détruire les végétations parasites, la culture des plantes sarclées fut accueillie comme un bienfait et ne tarda pas à se répandre.

Un fait que l'on n'avait pas soupçonné d'abord se produisit bientôt : on s'aperçut que les racines, n'exigeant pas pour leur accroissement les mêmes principes que le blé, laissaient au sol une fécondité que l'on pouvait mettre à profit, et l'on arriva à cette pratique hardie de faire deux années de suite des betteraves sur le même champ bien fumé et d'y semer du froment la troisième année.

C'est la méthode par excellence : les mauvaises herbes ne se montrent plus sur les champs, nettoyés comme la terre d'un jardin. Le blé, s'emparant des éléments dédaignés par la betterave et dont il est avide, végète vigoureusement; la tige, moins longue, mais plus forte, ne verse pas, et l'épi nourrit bien tous ses grains.

C'est ainsi que, dans le département du Nord, on a porté le rendement moyen de vingt hectolitres par hectare, à trente; que le nombre des bœufs a été porté, dans l'arrondissement de Valenciennes, de quatre mille à dix mille sept cent quatre-vingt-quatre.

Nous pouvons donc suivre la marche des opérations du cultivateur, en laissant de côté les plantes industrielles.

La terre reçoit d'abord des fourrages dont la valeur ne pourrait pas se réaliser en argent. On les donne aux bestiaux.

Les bestiaux fournissent du travail, du lait et du fumier.

Le prix du lait rentre aussitôt; quant au fumier, on ne peut en recevoir l'argent qu'après une nouvelle transformation.

Il enrichit la terre, qui produit des racines et du blé. Les racines fournissent de la viande, qui est vendue, de même que le blé.

L'argent que l'on reçoit alors représente par conséquent la valeur du fourrage qui a servi de base aux opérations successives que je viens d'énumérer.

L'agriculture est donc bien une industrie aussi complexe que la production du fer, par exemple. Elle exige un enchaînement de faits aussi logiques, autant de soins et d'ordre. Cependant on la voit trop souvent pratiquée par des routiniers qui ne tiennent même pas de comptabilité.

Mais, je me hâte de le dire, dans le pays de Caux, beaucoup d'hommes vraiment capables n'hésitent pas à faire tourner d'excellentes études au profit de la culture des terres. On doit applaudir à cette tendance, qui, répandant dans nos campagnes le trop-plein des professions libérales, multipliera les perfectionnements et donnera à tous des enseignements pratiques.

X.

— Nous avons parlé longuement hier de la culture du blé, dit M. Leclerc à ses jeunes amis ; nous n'entrerons pas dans de si grands détails sur les autres céréales; car le blé est le produit par excellence, et vous connaissez le proverbe : A tout seigneur tout honneur. On ne peut se passer de pain; et le seul pain qui mérite réellement ce nom est celui que le blé sert à fabriquer.

On en fait cependant aussi avec du seigle et de l'orge, et l'histoire nous apprend que pendant les désastreuses années de la fin du règne de Louis XIV, on ne voyait que du pain d'avoine sur la table de Mme de Maintenon.

Le pain de seigle a une odeur aigrelette, qu'on reconnaît même quand la farine de seigle n'est ajoutée à celle de blé qu'en petite quantité; le pain d'orge est encore moins bon, et celui d'avoine est détestable.

Ces grains ne contiennent presque point de gluten; aussi ne donnent-ils qu'une pâte lourde, qui lève difficilement.

Le seigle n'exige pas un sol aussi riche que le blé; chez nous, il est surtout cultivé pour sa paille, qui fait d'excellents liens. Il entre pour une faible part dans nos cultures; mais il n'en est pas de même dans certains pays, où on le sème même sur les pentes les plus abruptes des montagnes, et où il forme la base de la nourriture.

L'emploi du seigle n'est pas sans danger. Il est sujet à une dégénérescence connue sous le nom d'*ergot;* ainsi altéré, il agit de la manière la plus fâcheuse sur l'économie.

Le seigle se sème comme le blé, le plus souvent à l'automne, quelquefois au printemps; mais à cette dernière époque ils réussissent moins bien. Pour l'orge, il faut attendre que la terre soit ressuyée et réchauffée; le mois d'avril est ordinairement choisi.

L'orge, dont l'usage remonte à la plus haute antiquité, nourrit les bestiaux et la volaille.

L'orge germée et torréfiée sert à la fabrication de la bière. Le grain, abreuvé d'eau et déposé dans une cave, — le germoir, — entre en végétation, et la matière farineuse se transforme en matière sucrée; lorsque cet effet est produit, on arrête la germination en exposant le grain à un certain degré de chaleur. On le triture et on le mélange avec de l'eau; la fermentation s'établit et produit une boisson alcoolique d'une saveur particulière, dont on modifie le goût par une addition de houblon.

L'avoine, que l'on dit indigène du nord de l'Europe, était très-estimée des Gaulois, qui la regardaient comme un mets délicat. Après l'avoir torréfiée ou réduite en gruau, ils en faisaient des bouillies et des galettes. On l'emploie de nos jours à la fabrication d'une bière très-fine; mais elle a cessé de faire partie de l'alimentation, excepté dans quelques contrées du Nord, où on la mélange avec l'orge et le seigle. Elle devait être, en effet, repoussée comme nourriture; car, à moins de grands soins, sa farine est mêlée de petites parties dures et piquantes qui irritent le gosier. Les individus qui en ont fait usage pendant la dernière disette (1817) se rappellent toujours la sensation pénible que leur causait le pain d'avoine.

L'avoine, dont les tiges vertes se balancent avec tant de grâce, dont l'axe florifère obéit au moindre souffle du vent en agitant ses grains noirs qui semblent prêts à se détacher, est cultivée pour les animaux. Elle entretient la vigueur des chevaux et leur donne ce beau poil lisse brillant à l'œil; elle excite l'appétit des vaches, et, tonifiant les moutons, elle leur fait éviter de graves maladies.

L'avoine demande un sol bien fumé et bien préparé; elle croît très-bien sur les défrichements, et je l'ai vue acquérir là une grosseur et une rigidité de tige telle, qu'on en eût fait des chalumeaux, comme ceux dont se servaient les bergers de la campagne de Rome, au dire de Virgile.

Les balles de l'avoine servent à garnir les paillasses sur lesquelles on couche les enfants. C'est un excellent coucher, bien préférable à la laine dont on bourre leurs matelas.

Vous connaissez sans doute la folle avoine, si nuisible aux blés qu'elle envahit dans les terres mal cultivées. C'est une plante gracieuse qui peut tenir sa place parmi les élégants végétaux de nos jardins.

Mlle Léonie regrettera peut-être les gentils bouquets d'avoine follette, de bluets et de coquelicots, que les jeunes filles pouvaient cueillir autrefois le long des blés; mais j'ai fait tout ce que j'ai pu pour éloigner ces jolies fleurs de mes champs et pour les renfermer dans mon jardin.

La pomme de terre est originaire de l'Amérique méridionale; on regarde le tubercule qui croît naturellement au Chili comme le type de toutes nos variétés.

On ignore le nom de celui qui apporta le premier en Europe cette plante précieuse. Pendant longtemps même, on ne la cultiva dans les jardins que comme un végétal curieux, parce qu'il venait d'un pays étranger. Elle fut enfin rangée en Allemagne parmi les ressources alimentaires. Elle était presque inconnue en France quand Parmentier entreprit d'en faire prévaloir l'usage. Il rencontra d'abord cette résistance opiniâtre que les préjugés opposent toujours aux innovations les plus profitables ; mais il n'était pas homme à se décourager facilement. Pour prouver que la pomme de terre végétait bien dans les plus mauvais sols, il en fit une grande plantation dans la plaine des Sablons.

Cet essai fut annoncé de tous côtés, et, feignant de craindre les maraudeurs, Parmentier obtint de faire garder son champ par des soldats. Il offrit à Louis XVI la première fleur qui se montra sur les tiges, et ce monarque en para sa boutonnière. Puis, les tubercules étant développés, il ne les fit plus garder que le jour. Ce qu'il avait prévu arriva : c'était à qui s'emparerait de quelques pommes de terre, pour les placer dans son jardin et en faire l'essai en cachette. Grâce à cette ruse du philanthrope, la pomme de terre se répandit promptement, et on la donna aux bestiaux. Ce n'était pas encore assez : il voulait la faire adopter par les gourmets. Le savant se fit cuisinier. Il servit à de nombreux convives un dîner où la pomme de terre parut sous cent formes différentes : cuite à l'eau, frite en tranches, en purée, en gâteaux, etc.

La culture maraîchère s'en empara alors et

créa une foule de variétés excellentes. Elle devint l'élément indispensable de la nourriture du pauvre, et tint une belle place sur la table du riche.

Cette plante, d'une merveilleuse fécondité, semblait enfin destinée à rendre une disette impossible, quand elle fut attaquée par une maladie qui fit presque désespérer de son avenir. On se mit à chercher de tous côtés un végétal qui pût la remplacer; tous les efforts firent connaître seulement l'igname de la Chine, qui a pris place dans nos jardins.

Il a fallu renoncer aux variétés les plus sujettes à la maladie et tenter des semis.

Les soins les plus assidus ont triomphé en partie du mal; dans le canton de Fécamp, le rendement s'est relevé jusqu'à une moyenne de deux cent vingt-huit hectolitres par hectare. Les maraîchers de Fécamp obtiennent trois cents hectolitres. On récolte enfin dans la grande culture quinze fois la semence, tandis qu'autrefois la proportion était de vingt-cinq pour un.

Un cultivateur a fait connaître une variété nouvelle sur laquelle on fonde de grandes espérances et qui est l'objet d'essais faits avec soin. La pomme de terre chardon paraît bien résister aux variations atmosphériques, et elle procurera peut-être aux cultivateurs une ressource qu'ils désespéraient de retrouver.

La pomme de terre est plantée au printemps.

Il arrive cependant quelquefois qu'une gelée tardive en saisisse les feuilles et les tiges déjà grandes; mais quand le tubercule n'est pas atteint, de nouvelles tiges sortent bientôt de terre, et la récolte n'est pas sensiblement amoindrie par cet accident.

On doit regarder l'introduction de la pomme de terre dans la culture comme un grand service rendu à l'humanité, puisque, la jachère étant presque partout supprimée, des milliers d'hectares dont on ne retirerait absolument rien deviennent productifs. La pomme de terre n'est pas, il est vrai, un aliment complet; elle ne suffirait pas seule à notre nourriture; mais, associée au lait, au pain, à la viande, elle permet d'en restreindre beaucoup la consommation.

Il y a des pays dont la pomme de terre est presque la seule richesse; à peine si l'on y mange un peu de pain; encore est-ce du pain de seigle ; mais des pommes de terre, trempées dans du lait caillé, forment la base de tous les repas et en sont le plus souvent l'unique mets.

On n'emploie pas toujours la pomme de terre sous sa forme primitive; l'industrie, qui s'empare de tout, a trouvé le moyen d'extraire de ce tubercule la fécule qu'il renferme. Le procédé est simple : la pomme de terre, débarrassée de sa pellicule, est râpée sur de grands tamis, à travers lesquels passe de l'eau froide qui va tomber dans des cuves, au fond desquelles se dépose une pâte blanche et légère. Cette pâte, desséchée et réduite en une poudre impalpable, c'est la fécule, qui possède presque autant de propriétés nutritives que la meilleure farine.

— On en fait de très-bonne pâtisserie, dit Mme Leclerc; vous en jugerez ce soir; car, sans savoir qu'il serait aujourd'hui question de la pomme de terre, j'ai préparé un gâteau de fécule pour notre dessert. Je n'ai pas du tout songé à imiter Parmentier, conviant un grand nombre de savants à un banquet dont la pomme de terre faisait les frais; cependant nous lui devrons une bonne partie de notre dîner. Outre le gâteau annoncé, vous mangerez des pommes de terre dans votre pain, dans le potage, et vous en aurez encore sous forme de galettes bien dorées.

— Pardon, maman, interrompit Marie, nous n'aurons pas de potage à la fécule; tu as dit à Toinette de faire cuire du tapioca.

— Eh bien! ce tapioca n'est rien autre chose que de la fécule mise en petits grains.

— Je croyais, objecta Léonie, que le tapioca était un produit des pays chauds.

— En effet, dit Mme Leclerc, le tapioca est la racine d'une espèce de manioc qui croît aux Antilles; mais il ne faut pas confondre avec le véritable tapioca celui qu'on fabrique en France et qu'on vend sous le nom de tapioca indigène. On imite aussi avec la fécule de pomme de terre le sagou, le salep; en un mot, toutes les fécules exotiques, qui coûtent beaucoup plus cher et n'ont pas le même goût.

— Le gluten granulé dont on fait d'excellents potages, est-il aussi fabriqué avec de la fécule de pomme de terre? demanda Léonie.

— Non, répondit M. Leclerc; c'est bien du gluten, c'est-à-dire la partie la plus nourrissante du blé; mais le blé renferme aussi de la fécule, dont on fait de l'amidon. On sépare le gluten de la partie blanche de la farine, en faisant couler doucement sur cette farine grossièrement pétrie un mince filet d'eau qui entraîne la fécule et laisse le gluten sous la forme d'une gelée grise. On fait aussi de l'amidon de pomme de terre; mais celui qu'on retire du blé est de bien meilleure qualité.

La carotte croît naturellement en France; mais on ne reconnaît plus cette racine grêle dans les belles variétés que des perfectionnements successifs ont créées. Tout le monde connaît cet excellent légume, dont la saveur sucrée et l'odeur aromatique relèvent le goût du modeste pot-au-feu ou bien ajoutent au mérite des ragoûts les plus fins. Comme les bestiaux n'en sont pas moins friands que les hommes, on l'a fait entrer dans la grande culture; on ne choisit pas, il est vrai, les variétés les plus fines, mais celles qui rendent le plus.

La carotte, semée en lignes, est binée et sarclée. On la conserve soigneusement pour l'hiver.

Son emploi contribue à assurer la sécrétion d'un lait abondant et de bonne qualité pendant toute la mauvaise saison. C'est donc une ressource qu'on aurait tort de négliger.

Le cultivateur qui sait ménager ses racines a de bon lait en tout temps, à son grand profit. Celui qui, prodigue au début, ne donne ensuite qu'une nourriture trop faible, n'obtient plus qu'une petite quantité d'un lait clair et sans valeur.

La cuisinière vint anncncer que le dîner était servi. Chacun, en savourant les bons mets dus à la pomme de terre, se plut à proclamer les droits de Parmentier à la reconnaissance de la postérité.

XI.

— Nous parlerons aujourd'hui de la betterave, dit M. Leclerc à ses jeunes amis. C'est une plante qui ne mérite guère moins notre attention que la pomme de terre, depuis qu'on a trouvé le moyen de la faire servir à la fabrication du sucre.

Dans beaucoup de pays, on se borne à planter la betterave pour la nourriture du bétail; mais dans la grande culture, on la regarde comme une plante industrielle.

Elle offre trois variétés, qui sont l'objet d'une grande exploitation : la disette, préconisée à la fin du dernier siècle par l'abbé de Commerel, la betterave blanche de Silésie et la betterave blanche à collet rose. Ces deux dernières ont une grande tendance à retourner à leur type primitif, la disette, comme j'en ai vu maint exemple.

La betterave demande une culture soignée et des engrais abondants; mais elle rend bien au delà de ce qu'on lui prête.

Tandis que la moyenne de la Seine-Inférieure était de quarante mille kilogrammes à l'hectare, les agriculteurs du duché des Deux-Ponts étaient arrivés au rendement relativement énorme de quatre-vingt-dix mille kilogrammes. Mais ce chiffre a été bien dépassé dans le canton de Fécamp, où un agronome distingué, M. Ch. Dargent, a obtenu cent quatre-vingt mille kilogrammes. Cette énorme différence entre les produits d'une même plante est due tout entière au soin ou à la négligence de celui qui la cultive. En effet, le plus haut chiffre que je viens de citer a été donné par une terre de qualité médiocre, mais bien travaillée et fumée à haute dose.

Je n'ai parlé jusqu'à présent que de la disette.

Dès la moitié du dernier siècle on avait constaté la présence du sucre dans la betterave, et cinquante ans après Achard avait trouvé le moyen d'en extraire ce principe.

Lorsque les guerres maritimes annulèrent nos relations avec les pays d'outre-mer, on chercha tous les moyens possibles de produire un sucre indigène; de nombreux essais montrèrent qu'il fallait le demander à la betterave, et Napoléon Ier encouragea les recherches dans ce sens. Ce furent alors des railleries sans fin de la part des hommes superficiels, qui, s'attachant à la forme et non au fond, niaient qu'une racine grossière pût contenir une pareille friandise. Heureusement les savants et les industriels ne se découragèrent pas, et aujourd'hui la betterave lutte, sans désavantage, contre le sucre de canne. La fabrication du sucre indigène occupe beaucoup d'usines et emploie une surface considérable de terrain, dans le Nord de la France surtout. On préfère pour cet emploi la betterave blanche à collet rose, qui donne un plus faible rendement en poids, mais contient plus de sucre.

Des recherches récentes sur la valeur nutritive des diverses variétés ont confirmé un fait signalé déjà par Matthieu de Dombasle : c'est que les variétés à sucre nourrissant autant sous un moindre volume, il est avantageux de les donner aux bestiaux. Les animaux ne s'en portent que mieux, puisque l'estomac est moins chargé et les intestins moins distendus. La main-d'œuvre est moins onéreuse tant pour l'arrachage que pour le transport, et la conservation plus facile, puisqu'il faut moins de place pour serrer la récolte.

Dès 1830, une fabrique de sucre a été créée à Fécamp. Un établissement du même genre s'éleva, quelques années plus tard, dans le canton de Goderville. Ces deux tentatives n'eurent pas de succès. Plus tard, la cherté des alcools fit naître une autre spéculation. La matière sucrée de la betterave pouvant fournir des trois-six, on établit des distilleries et l'on passa des marchés pour la fourniture de quantités considérables de racines. L'agriculture eût beaucoup gagné à ce mouvement, sans deux inconvénients assez graves : la nécessité de transporter au loin de lourds chargements force à employer un attelage que les travaux des champs réclament, et la préparation des terres en souffre. D'un autre côté, la betterave, livrée à l'industrie, absorbe le fumier de la ferme sans lui rendre cet élément indispensable. On peut, il est vrai, nourrir les bestiaux avec les pulpes, lorsqu'elles sont traitées par certains procédés; mais il en est d'autres qui les rendent impropres à cet usage. En outre, il faut toujours transporter ces pulpes avec perte de temps pour les hommes et pour les chevaux.

Ces inconvénients réels ont donné naissance à une industrie vraiment agricole : la distillation, dans les fermes mêmes, du jus de betteraves, opérée de telle façon que les pulpes conservent une grande partie de la valeur primitive de la plante.

L'un des premiers j'ai monté une distillerie d'après le système Champonnois. Depuis que j'opère sur mes betteraves et sur celles de deux fermes dont les terres touchent les miennes, j'ai obtenu des résultats qui ont dépassé mon attente. Je produis seulement des *flegmes* à quarante-cinq ou cinquante degrés, qui sont vendus aux industriels et portés par eux à quatre-vingt-dix ou quatre-vingt-quinze degrés. Les pulpes, n'ayant perdu que le sucre, me servent à engraisser des bestiaux que j'achète dans ce but. Il me faut donc conduire le travail de telle sorte, qu'il dure le temps nécessaire à l'engraissement. Bien que les alcools de vin soient retombés à un prix normal, et que, par conséquent, la valeur de l'alcool de betterave se soit considérablement abaissée, je puis encore continuer mes opérations avec un léger bénéfice.

Au gain résultant de la distillation même j'ajoute la différence de la viande produite et la valeur des tas de fumiers qui restent à ma disposition.

Vous pourrez voir, dans le pays de Caux, un certain nombre de distilleries agricoles, basées soit sur le système Champonnois, soit sur le système Leplayet, donnant à peu près les mêmes résultats. Il est inutile de vous expliquer en quoi ces deux procédés diffèrent. Pour l'un comme pour l'autre, il faut établir un vaste silo où l'on conserve les racines à l'abri des vicissitudes atmosphériques pendant le temps nécessaire.

L'alcool de betterave est entré pour une forte part dans la consommation, et non sans danger. Autant que celui de pommes de terre ou de grains, il paraît causer l'ivresse furieuse et prédisposer aux troubles du cerveau. Aussi les cas de folie résultant de l'abus des liqueurs fortes ont-ils été plus fréquents depuis qu'on l'emploie.

Il faut espérer qu'à l'avenir son usage sera restreint à la fabrication des vernis, etc. Et puisque les hommes ne sont pas assez raisonnables pour user avec modération de ce stimulant, l'alcool de vin, reprenant son ancienne place, produira du moins des désordres moins grands.

J'ai omis de dire que la betterave se sème en lignes, est sarclée, binée et mottée. La racine sort de terre et s'accroît en partie à l'air libre. On hâte son développement en répandant sur la plante du purin mêlé d'eau; et comme on enlève les feuilles les plus rapprochées de la terre, quand elles ont atteint un certain développement, la betterave contribue, l'été, comme l'hiver, à la nourriture des bestiaux.

Cette plante n'est pas d'ailleurs la seule qui contienne du sucre; mais c'est celle qui en contient le plus. J'en excepte toutefois la canne, qu'on ne cultive que dans des régions beaucoup plus chaudes que la nôtre.

— Il me semble pourtant, dit Henri, que les cerises douces, les bonnes prunes, les raisins sont encore plus riches en sucre que la betterave.

— Cela est vrai; mais on n'a pas trouvé jusqu'à présent le moyen de cristalliser ce sucre; il reste liquide et s'emploie sous le nom de glucose. L'amidon et la fécule contiennent aussi du glucose; la carotte, le navet, la citrouille, renferment, au contraire, du sucre cristallisable, mais en si petite quantité, qu'il ne pourrait couvrir les frais d'extraction, tandis que la betterave les paie généreusement.

— Cependant le sucre de betterave n'est pas aussi bon que le sucre de canne, objecta Léonie.

— C'est un préjugé qu'exploitent encore certains marchands; mais presque toujours les sucres de betterave et de canne, dont la composition est exactement la même, sont soumis ensemble au raffinage, si bien que le fabricant ne pourrait dire lui-même s'il livre au commerce du sucre indigène ou du sucre exotique.

— Mais celui qui arrive directement des colonies est du vrai sucre de canne, dit Emile.

— Oui; mais les colonies nous l'expédient à l'état brut, c'est-à-dire sous la forme de cassonade. C'est seulement en France qu'on le transforme en ces beaux pains durs et blancs que tout le monde connaît. Pour cela, on refond la cassonade dans des chaudières, où l'on jette ensuite du charbon d'os réduit en poudre et du sang de bœuf battu dans l'eau. On agite le tout avec force; l'albumine, que le sang de bœuf renferme, se coagule et entraîne les impuretés du sucre, tandis que le noir animal, dont les propriétés décolorantes sont très-actives, lui enlève sa teinte brune. On renouvelle plusieurs fois cette opération; puis on sépare le sucre du charbon d'os, en le faisant passer dans des sacs de toiles de coton. Après l'avoir débarrassé de l'eau qui y restait, on le verse dans des formes, en tôle émaillée, dont la pointe est fermée d'un bouchon, qu'on ôte, lorsque le jus est refroidi, pour faire écouler le sirop qu'il contenait encore. Ce sirop est trois fois remplacé par d'autre, qui dissout et entraîne les matières étrangères; puis on couvre le pain d'argile mouillée, qui achève de le blanchir et de le purifier.

— Pardon, monsieur Leclerc, dit Léonie, vous avez oublié de nous apprendre comment on peut retirer la cassonade de la betterave. Quant à la canne à sucre, je sais qu'on la broie dans un moulin pour en faire sortir le jus, et qu'on fait ensuite bouillir ce jus dans des chaudières, jusqu'à ce qu'il ait acquis une certaine épaisseur.

— Oui, reprit M. Leclerc. On le verse alors dans une espèce d'entonnoir percé de trous, à travers lesquels passe la partie liquide ou la mélasse, qu'on distille pour faire du rhum. La partie solide reste dans l'entonnoir; c'est le sucre brut, qu'on nous expédie en tonneaux, après l'avoir exposé à l'air et au soleil pour le blanchir un peu.

On traite la betterave de la même manière; seulement, au lieu de la broyer, on la râpe et l'on emplit des sacs qu'on soumet à l'action d'une forte presse. Le jus qui en découle est porté dans des chaudières où on le fait bouillir, après y avoir ajouté de la chaux; ce qui se fait aussi pour le jus de canne; et l'on sépare la mélasse du sucre brut, qu'on raffine comme je vous l'ai dit.

Quant à la mélasse, elle est consommée dans un grand nombre de ménages, où elle remplace le sucre, ou bien elle est distillée et fournit l'alcool de betterave. Ce qui reste de la mélasse, après la distillation, est brûlé dans des fours destinés à cet usage, puis mis en tas et lavé dans de l'eau qui, soumise à l'évaporation, donne du sel de potasse.

Enfin, on utilise jusqu'à l'écume de la betterave, qui forme un excellent engrais.

Vous voyez, mes amis, que cette racine grossière n'est point à dédaigner : non-seulement elle permet au plus grand nombre l'usage du sucre, autrefois si rare et si cher, qu'on ne le trouvait que chez les apothicaires, mais elle fait vivre aussi plus de quarante mille ouvriers.

La betterave est donc encore plutôt une plante industrielle qu'agricole. Il en est de même du colza.

Le colza est cultivé pour sa graine, dont on extrait l'huile d'éclairage.

On le sème en pépinières et on le met en place à l'automne.

On se bornait autrefois à le semer à la volée, ou tout au plus à jeter avec négligence le plant dans les raies que venait d'ouvrir la charrue et qu'elle recouvrait en continuant son travail. Mais on a compris qu'il importait d'espacer suffisamment et d'une manière régulière les plantes, pour que l'air circulât librement et favorisât le développement des gousses inférieures.

On a donc pris, il y a quelques années, l'habitude de placer le colza au plantoir. Le champ étant préparé, un homme, armé d'un piquet triple ou quadruple, pratique les trous; des femmes le suivent, plaçant une plante dans chaque trou, et à une égale profondeur; elles foulent ensuite la terre du pied pour la faire adhérer à la tige.

Dans cette opération, le piquet, pénétrant la terre nouvellement remuée, la comprime, durcit les parois du trou, et il reste des vides autour des racines qui ont peine à pénétrer les parties dures dont elles sont entourées. On a donc introduit un nouveau perfectionnement; on se sert aujourd'hui d'une sorte de truelle allongée. La terre, encore ameublie par cet instrument, pressant également la tige et les racines, il ne reste aucun vide.

Ces soins, qui semblent bien minutieux, assurent une végétation plus prompte, plus régulière, et un plus fort rendement.

Quand les siliques sont bien formées, que le colza jaunit, on le coupe à quelques centimètres de terre, et on le dépose sur des civières garnies de toiles pour le transporter sur la toile à battre. Sans cette précaution, on laisse tomber à terre beaucoup de graines qui sont perdues.

L'aire où l'on bat est bien dressée, et, lorsque le tas est assez haut, on le fait piétiner par des chevaux, dont les pieds brisent les siliques qui renferment une graine fine, noire et luisante.

Le colza est enfermé dans des sacs, livré aux

fabricants, qui en extraient l'huile à l'aide de pilons mus par une roue à cornes; puis, l'huile obtenue est épurée et rendue propre à l'éclairage.

Le commerce de cette graine a pris une grande importance. Les usiniers des environs de Paris en achètent de fortes parties dans notre contrée.

Nous cultivons aussi le lin depuis près d'un siècle. Cette plante, qui paraît végéter plus vigoureusement dans la zone soumise à l'action des vents venant de la mer, fut employée d'abord pour la fabrication des toiles dites de Caux, qui jouissaient d'une grande réputation.

On tirait alors la graine de la Zélande, et l'on commençait à admettre la pratique hollandaise, qui consistait à ramer le lin, pour obtenir plus de longueur et plus de finesse.

Un revirement de l'industrie avait fait abandonner cette culture. La construction d'une filature mécanique à Gerville l'a fait reprendre.

Le lin demande une terre bien préparée; on le sème très-épais et on le sarcle à la main, dès qu'il forme un tapis d'un vert tendre.

Rien n'est gracieux comme un champ émaillé de ces petites fleurs bleues, si délicates, qu'elles paraissent prêtes à s'envoler. Les tiges, obéissant au moindre souffle de la brise, ondulent et se redressent en simulant des vagues.

Lorsque le lin est arrivé à un degré convenable de croissance, on l'arrache et on le dispose pour qu'il reçoive l'influence de l'air. Les industriels ont fait abandonner le rouissage à l'air; ils exécutent eux-mêmes le rouissage à l'eau courante, qui donne une filasse plus souple et qui permet d'utiliser le lin portant graine pour le filage de numéros assez fins.

La tige étant ainsi préparée, on en brise l'enveloppe par l'écanguage et on en dégage la matière fibreuse. Il faut encore la débarrasser de l'étoupe par plusieurs peignages avant de pouvoir la convertir en fil.

Le tissage à la main de la toile ne compte plus que quelques ouvriers : on l'a remplacé par le tissage du calicot. Cependant on fait encore à Fécamp de magnifiques damassés dont la finesse et la richesse de dessin ne laissent rien à désirer.

La graine de lin donne de l'huile; elle est utilisée aussi par la pratique médicale. La plus estimée pour les semailles nous vient de Riga. Chaque année, des navires en importent des quantités suffisantes dans le port de Fécamp.

Le lin et le colza nous rapportent de l'argent; mais ils ne rendent pas à la terre autant qu'ils lui empruntent, car leurs tourteaux seulement servent au bétail; il faut donc que les fourrages proprement dits tiennent une large place dans les exploitations où il est impossible de produire assez d'engrais pour cultiver partout des plantes épuisantes.

On ne sème pour cet usage, dans notre pays, que peu de végétaux.

C'est d'abord le *trèfle rouge*, qui réussit bien, se prête à l'assolement semi-triennal, et donne une bonne nourriture. On le fauche, pour le conserver en bottes, ou on le fait pâturer, les bêtes étant au piquet. Pour moi, vous le savez, je le fais déposer dans les râteliers. Il demande peu au sol, et ses débris lui rendent ce qui a été enlevé ; mais il laisse se développer une quantité de mauvaises herbes dont il faut ensuite se débarrasser. Cependant, malgré ce défaut, le trèfle a toujours rendu de notables services à l'agriculture cauchoise.

On cultive aussi le *trèfle incarnat*. Nos paysans en ont altéré le nom et l'appellent trèfle *infernal*. C'est un bon fourrage, prêt de bonne heure, et que l'on fait consommer en vert. On ne peut lui reprocher que le goût qu'il communique au beurre.

Les champs de trèfle incarnat présentent, lors de la floraison, un vaste tapis d'un rouge brillant du plus bel aspect.

On cultive encore les pois et les vesces, précieuse nourriture d'hiver pour les chevaux et pour les moutons.

La luzerne est peu en usage, cette plante demandant, pour durer, un terrain très-profond.

Certains fermiers ont obtenu de convertir en herbages les parties les plus pauvres de leur exploitation ; et comme ils ont réalisé plus de profit que ne leur en donnait l'assolement triennal avec des fumures incomplètes, on a fait l'éloge de cette pratique; on a même cherché à l'étendre. C'est un tort, puisqu'on ne peut attribuer les mécomptes qu'aux mauvaises conditions de la culture ou aux exigences des baux, qui parfois, par une fausse interprétation d'un usage restrictif, exigent un tiers en blé. Mieux vaudrait, en continuant de les labourer, ne demander à ces mauvaises terres que ce qu'elles peuvent donner, et, les améliorant peu à peu, les mettre en état de recevoir des plantes épuisantes.

Il n'est pas de sol qui ne puisse être transformé avec des soins et de la persévérance. Il y a toujours avantage à demander à la terre, quelle qu'elle soit, des plantes fourragères, au lieu de l'herbe courte qu'elle peut seulement offrir.

XII.

Les vacances touchaient à leur fin; malgré leur amour pour l'étude, nos jeunes amis voyaient arriver avec regret le moment de quitter la ferme. On y était si bien! Depuis qu'une température plus douce avait succédé à la grande chaleur, on faisait chaque jour de longues promenades auxquelles M. Leclerc savait donner un vif attrait, en répondant à toutes les questions qui lui étaient adressées et même en les provoquant.

Le temps était encore magnifique; à peine voyait-on çà et là quelque feuille jaunie. Le jardin avait conservé la plupart de ses fleurs, et les pêchers, les poiriers, les ceps de vigne, étalés le long des murs, étaient chargés des plus beaux fruits. Dans la vaste cour, les branches des arbres pliaient sous le poids d'une multitude de pommes rougissantes, et tous les matins on ramassait avec délices celles que la piqûre d'un insecte avait mûries les premières. Elles étaient un peu acides; mais on les trouvait bien bonnes, et l'on eût désiré pouvoir en faire la récolte avant de retourner à Rouen.

Il n'y avait peut-être pas dans tout le pays de pommiers plus productifs que ceux de M. Leclerc. Tout d'ailleurs prospérait chez lui, parce qu'il s'occupait de tout et qu'il savait quels soins il convenait de donner à sa cour et à son jardin aussi bien qu'à ses champs.

« Faulte de savoir, l'agriculture est reprochable, » écrivait un ancien auteur. Ce qu'il disait alors est encore vrai de nos jours : beaucoup de cultivateurs se ruinent en travaillant presque sans résultat, faute de savoir ou faute de vouloir quitter le sentier battu dans lequel ont marché leurs pères. Certes, le respect des traditions paternelles est une bonne chose; mais chaque effort de l'esprit humain fait faire à la science un nouveau progrès, et en présence des merveilles qu'elle a réalisées, il n'est plus permis de demeurer esclave de la routine.

Quoiqu'il fût déjà très-habile, M. Leclerc étudiait encore, cherchant à faire son profit des méthodes expérimentées avec succès par les agriculteurs les plus distingués; et il agissait ainsi non-seulement dans l'espoir de réaliser de plus grands bénéfices, mais pour contribuer au progrès dans la mesure de ses forces, parce qu'il savait que la plupart de ses voisins feraient ce qu'ils lui verraient faire. Sa prospérité lui avait d'abord suscité beaucoup d'envieux; de l'envie à la haine il n'y a qu'un pas; mais sa modestie, son affabilité, son obligeance, avaient peu à peu désarmé ceux que son bonheur irritait, et l'on venait à lui avec confiance lorsqu'on avait un conseil ou un service à demander. Il prêtait ses instruments de travail à ceux qui en voulaient faire l'essai avant de risquer une dépense inutile; il partageait volontiers avec eux ses plus belles semences, et se faisait un plaisir de leur indiquer les méthodes auxquelles il devait le rendement de ses cultures.

Depuis qu'il était maire, il engageait aussi l'instituteur à inspirer à ses élèves le goût de l'agriculture, à leur en donner les premières notions, et il avait ajouté aux prix que la commune distribuait tous les ans, deux beaux volumes pour celui des enfants qui se montrerait le plus attentif à de si utiles leçons. L'instituteur avait suivi les cours à l'Ecole Normale; mais il lui manquait la pratique, et souvent il avait recours à l'expérience de M. Leclerc.

Deux jours après le dernier entretien dont nous avons rendu compte, il vint prier le maire de lui donner quelques indications sur la meilleure manière de planter les pommiers à cidre et de les amener promptement à donner du fruit.

— Volontiers, dit M. Leclerc. Votre demande arrive fort à propos; car j'aurais peut-être oublié de traiter ce sujet avec mes amis les Rouennais, qui se disposent à nous quitter bientôt. Je le regretterais d'autant plus, que voici Emile bien décidé à s'établir, dès qu'il le pourra, dans quelque ferme voisine des Ormes. Il faut bien qu'un fermier possède quelques notions d'arboriculture, quand ce ne serait que pour soigner et faire fructifier les pommiers qui donnent le cidre, si cher aux Normands.

— Sans doute, répondit l'instituteur, puisqu'un de nos poëtes a placé cette liqueur bien audessus du vin.

— La poésie, on le sait, reprit en riant M. Leclerc, n'est pas toujours d'accord avec la vérité. Certainement le cidre bien préparé et mis en bouteilles offre une boisson agréablement pétillante, appréciée avec raison par les amateurs; mais quant au cidre ordinaire, on doit le louer avec moins d'emphase et se borner à dire que c'est une boisson saine, en ce qu'elle exerce une action tonifiante, utile surtout aux ouvriers qui travaillent exposés aux intempéries de l'air.

Le cidre étant bien moins cher que le vin, sa consommation s'étend chaque jour. On lui donne avec raison, dans beaucoup de villes, la préférence sur ces produits sans nom qui ne ressemblent en rien au jus de la vigne et que l'on vend pourtant comme tel. A ce titre, l'importance des pommiers s'accroît, et l'on ne saurait donner trop de soins à un arbre qui, une année au moins sur trois, fournit une récolte abondante.

Si vous ne vous faites jamais cultivateurs, mes amis, vous aurez néanmoins peut-être à faire des plantations de pommiers, et je crois devoir vous donner des renseignemens complets non-seulement sur ce que l'arbre exige alors, mais encore sur ce qu'il demande pendant le cours de son existence.

Dans ces dernières années, une maladie désastreuse a sévi sur les pommiers à cidre; il a fallu même renoncer à certaines variétés qui ont disparu. La plupart des individus que l'on a pu conserver sont faibles, et leurs produits diminuent.

C'est, selon moi, à cet état de faiblesse des arbres qu'il faut attribuer de fréquents mécomptes. Une floraison superbe est suivie d'une récolte presque nulle : le moindre mauvais vent, une petite gelée tardive font couler toutes les fleurs.

Les arbres vigoureux seuls résistent bien aux fréquentes intempéries de nos printemps, et cela se remarque aussi bien dans les jardins enclos de murs que dans les cours des fermes.

Or, on peut attribuer la constitution délicate de nos pommiers au mode de culture dont ils sont l'objet depuis de longues années.

Souvent on place des individus provenant de semis, et cela pour en hâter la croissance, dans une terre argileuse, quelquefois encore à l'ombre de grands arbres ; on laisse à peine entre eux un espace suffisant pour que l'air et la lumière pénètrent faiblement jusqu'au sol. L'écorce se couvre d'exostoses causées par le puceron lanigère, d'ulcères résultant de meurtrissures ou de déchirures faites par des ouvriers maladroits. Lorsque ces sujets souffreteux ont acquis une taille suffisante, on les greffe néanmoins, et l'on augmente le mal en prenant les greffes sur des arbres malsains. On sait cependant que les maladies se propagent ainsi, et que pour certaines variétés de poires, l'amboise par exemple, il est presque impossible de trouver un jeune arbre dont le bois soit parfaitement sain.

Les pommiers sont alors transplantés presque sans précautions dans un sol tout différent de celui où ils ont été élevés. Là, exposés à la sécheresse, mal protégés contre les bestiaux et les gens de service, ils poussent à peine et ne donnent enfin une récolte précaire qu'après de longues années perdues pour la production.

Certains pépiniéristes livrent, il est vrai, des arbres vigoureux, dont l'accroissement est rapide ; ils obtiennent cet avantage négatif en reproduisant les variétés qui se couvrent de bois, mais rapportent fort tard et fort peu.

Je connais un propriétaire qui, fatigué de voir

pousser inutilement des branches superbes, a sacrifié la tête de ses pommiers, et, après vingt ans d'attente, a dû faire placer à la naissance des ramifications des grosses branches des greffes prises sur les individus les plus productifs de sa ferme. Cela nous montre combien on doit apporter de soins dans le choix des plants.

Les inconvénients de la greffe ont fait essayer la reproduction par le marcottage, dont les jardiniers font un usage fréquent et qui donne des sujets se mettant promptement à fruit, mais aux dépens de la taille et de la force. C'est donc une pratique doublement mauvaise. Les cultivateurs jerseyais, que l'on cite pour leur habileté dans la fabrication du cidre, « pensent généralement que, pour avoir de beaux vergers, on doit se servir du pépin et abandonner le mode de propagation par bouturage, dont quelques personnes ont fait l'expérience. »

Il nous faut renouveler les espèces, leur donner la vigueur qu'elles ont perdue. Pour cela, il n'est qu'une méthode : la plantation de pommiers francs de pied, provenant de semis et non greffés. C'est celle que j'ai adoptée et qui me donne de belles récoltes.

Dès 1805, on connaissait, dans le département du Calvados, les bons effets de cette pratique ; et si elle n'est pas plus répandue, il faut s'en prendre à l'esprit de routine qui repousse les améliorations les mieux raisonnées. Nous avons aussi dans la Seine-Inférieure plusieurs exemples datant déjà de loin et qui sont malheureusement trop peu connus.

Le mode de multiplication et d'éducation qu'il faut préférer consiste à semer, à la fin de l'automne et au commencement du printemps, des pépins bien nourris pris ou sur sauvageons ou sur des arbres de haute taille. Les plantes les plus fortes sont levées au second hiver et placées à la distance d'un mètre les unes des autres, dans une pépinière remuée profondément; on la bêche deux fois par an, mais on ne la fume pas. Loin de détruire les pousses qui partent du pied, — à moins que la tige ne soit très-belle, — on doit choisir la mieux venante, pour la susbtituer, à la fin du second hiver, à la tige première, que l'on coupe alors. Ce *gourmand* gagne plus en une année que ne l'eût fait la tige en deux.

On choisit pour la plantation à demeure les sujets dont les feuilles sont les plus larges et les boutons les mieux développés. Chez nous, il est utile de laisser entre chaque pied un espace de quinze mètres.

Parmi ces *francs*, quelques-uns donnent des fruits acides et trop petits. On les greffe à l'aide des meilleures variétés de la cour même. Mais on doit avoir soin de choisir des variétés analogues quant au mode de végétation; ne jamais enfin placer une greffe précoce sur un sujet tardif, ni une greffe tardive sur un sujet précoce. C'est là une règle dont on ne saurait s'écarter sans nuire beaucoup à l'équilibre de la végétation; l'oubli de ce précepte a contribué au mauvais état des plantations.

Les avantages des pommiers non greffés sont bien prouvés; ils se résument ainsi : vigueur de végétation, par suite croissance rapide, taille élevée, grande résistance aux accidents météorologiques, partant récolte plus certaine.

Mais ce n'est pas tout que d'avoir de bons arbres; il faut les planter avec assez de soin pour que les radicelles puisent promptement dans le sol la nourriture dont elles ont besoin.

Des sujets de rebut tirés d'une terre humide et fortement fumée, puis placés sans soin, comme on le voit trop souvent, dans un sol maigre et sec, tiennent à peine à la terre, s'ébranlent au vent, et ne récompensent même pas le propriétaire de la faible dépense qu'il a faite pour eux. C'est la suite d'une erreur aussi préjudiciable à l'intérêt privé qu'à l'intérêt public, d'une économie mal entendue. Là, comme pour la culture des céréales, les routiniers croient qu'on gagne d'autant plus qu'on occupe un plus grand espace de terrain; tandis qu'au contraire, le produit étant subordonné au travail accompli, aux capitaux engagés, le grand art consiste à faire rendre le plus possible à la moindre superficie. Il faut donc avoir des pommiers donnant beaucoup, et non un grand nombre d'arbres fournissant peu.

Selon M. Dubreuil (1), le pommier préfère les « sols sablo-argileux un peu graveleux. » Dans les terres sableuses et exposées à la sécheresse, les produits sont peu abondants et donnent un cidre clair et acide. Les sols calcaires communiquent à la récolte assez faible qu'on en retire un goût de terroir très-prononcé. Les arbres poussent vite dans les sols argileux; le cidre fait avec leurs fruits a peu de saveur.

L'exposition n'est pas indifférente, mais on a rarement le choix. Nos cours du pays de Caux sont protégées par des arbres de haut jet qui ne mettent pas toutefois les pommiers complétement à l'*abri des roux vents.*

Pour planter, on pratique des trous circulaires de deux mètres de diamètre et de soixante centimètres de profondeur, dont on bêche le fond. Les diverses couches de terre sont mises à part et exposées quelque temps à l'air. Elles seront replacées dans un ordre inverse à celui qu'on aura suivi en les retirant, c'est-à-dire que la couche superficielle sera jetée au fond du trou. Il est utile de mélanger à la terre une certaine quantité d'amendements et d'engrais végétal : de l'argile des curures de mares, pour les sols légers; des débris de murailles, des graviers, de la marne, pour ceux qui retiennent l'humidité.

L'arbre sera orienté de la même façon que

(1) *Cours élémentaire théorique et pratique d'arboriculture.*

dans la pépinière, afin que les rayons du soleil frappent toujours sur la même partie de l'écorce.

Quoique l'on conseille de planter à l'automne dans les terres sèches, je pense qu'il vaut mieux, en prenant les précautions convenables, planter peu de temps avant le retour de la force végétative. M. Louvel aîné, habile horticulteur de Fécamp, en use toujours ainsi, avec une parfaite réussite.

Les pieds seront défendus contre la sécheresse par un léger paillis, par des joncs marins, par des binages; mais une couverture trop forte empêcherait l'air de pénétrer jusqu'aux racines.

Il faut les défendre contre les bestiaux par un entourage de gaules liées entre elles, et ne jamais les serrer dans un cordon de paille longue, cette *armure* servant de refuge aux insectes, entretenant de l'humidité sur l'écorce et empêchant de détruire, dès leur apparition, les bourgeons parasites.

On néglige presque toujours de former la tête des pommiers; c'est un tort grave. Pour moi, je ne laisse, à deux mètres au moins du sol, que deux ou quatre branches. Rabattues l'année suivante à vingt centimètres, elles donnent quatre ou huit branches qui servent de base à la charpente de l'arbre. Je supprime avec soin les bourgeons, qui, affectant une direction verticale, ne manqueraient pas de se transformer en gourmands.

Les racines du pommier s'enfoncent peu, mais s'étendent beaucoup. On conçoit dès lors que des engrais déposés au pied des jeunes arbres agissent énergiquement, tandis qu'ils ne produisent plus d'effet sur les individus âgés. C'est qu'alors les radicelles qui puisent les sucs nourriciers sont éloignées du tronc et en dehors de la circonférence où l'on dépose la fumure, qui se trouve placée sur les maîtresses racines, dont le seul rôle est de soutenir l'arbre. Si un pommier devient languissant, il est bon de le fumer, mais en tenant compte de son âge et en levant les gazons sur une circonférence en rapport avec son accroissement. On laboure le terrain à l'aide d'une fourche et non d'une bêche, qui couperait les racines, puis, au printemps, on dépose sur la surface remuée des curures de mares, mélangées avec de la chaux depuis quelque temps, des gazons décomposés et surtout du marc de pommes préparé comme M. Girardin le conseillait dans ses conférences agricoles. Un hectolitre et demi de terre, un hectolitre et demi de marc et un hectolitre de chaux, bien mélangés, sont recoupés trois fois pendant un an, et donnent un engrais excellent qui fait merveille, parce qu'on rend ainsi au sol une partie des matières qui ont été assimilées par les fruits. Il ne faut jamais se servir d'engrais animaux.

Il ne reste plus qu'à pratiquer des élagages pour supprimer les vieux bois et les nombreux bourgeons qui, croissant sur les branches, empêchent l'air et la lumière de pénétrer dans la tête de l'arbre. Cette opération doit être répétée tous les trois ans. Les branches tendant à s'incliner sont coupées, dès qu'elles s'abaissent au-dessous de la ligne horizontale.

Ces suppressions utiles ont pourtant trouvé des contradicteurs. J'ai lu à ce sujet un singulier incident mentionné dans l'*Annuaire* publié par l'Association normande.

Dans le département de la Manche, un usufruitier s'est vu menacé d'une poursuite en déchéance, parce qu'il avait élagué ses pommiers. La routine se plaignait de ce qu'on augmentait la valeur de sa propriété.

Lorsque le gui pousse sur les pommiers, il faut l'enlever aussitôt. Cette plante parasite ne se montre pas chez moi; elle paraît ne pas se plaire là où soufflent les vents de la mer; son apparition indique même le point où cette action cesse de s'exercer. Cependant, elle croît fort bien dans certaines vallées que leur orientation met à l'abri des vents qu'elle redoute. Ainsi, on la trouve souvent dans la vallée de Gournay, près du Havre.

Les plantations doivent toujours être régulières, et le choix de la disposition à adopter est très-important. La forme en quinconce est la meilleure; on doit l'appliquer rigoureusement dans les cours que l'on crée ou que l'on renouvelle en entier, parce qu'elle laisse un plus grand espace libre entre tous les points de la circonférence occupée par la tête de l'arbre. Le tracé en est facile. Si l'on suppose un parallélogramme divisé en quatre lignes partant d'un même point, les premiers arbres de la première et de la troisième rangée seront placés à sept mètres cinquante centimètres de ce point, et ceux de la seconde et de la quatrième ligne à quinze mètres.

Lorsqu'il s'agit d'une plantation partielle, destinée à combler des vides, il faut niveler autant que possible le terrain et admettre, quelle que soit la disposition existante, celle que je viens de vous indiquer, bien qu'il en résulte une irrégularité désagréable jusqu'à la suppression des arbres assez bons pour être momentanément conservés; mais des remplacements successifs compléteront l'œuvre.

Quelquefois on trouve de l'avantage à conserver des arbres dont la tête fatiguée a cessé de produire, mais dont le tronc est sain et vigoureux. On greffe alors les maîtresses branches en choisissant une variété qui entre en végétation, fleurit et rapporte aux mêmes époques que la variété supprimée. Cette opération, faite avec intelligence dans une ferme dont on cite l'habile direction et qui est située tout près de Fécamp, a été suivie d'un succès complet. Les arbres régénérés ont une tête superbe et rapportent très-bien.

La récolte des fruits a besoin d'être faite avec précaution. L'emploi de la gaule brisant les bourgeons et compromettant la récolte suivante, je fais monter, après leur avoir fait quitter les grosses chaussures qui blesseraient l'écorce, des ouvriers dans l'arbre pour en secouer les branches; et encore, autant que possible, j'attends la chute naturelle des fruits.

On a lieu de s'étonner que de vastes pentes soient entièrement abandonnées, tandis qu'elles deviendraient productives, si l'on y plantait des pommiers; et cela mérite bien d'attirer l'attention des propriétaires.

Les fruits des poiriers fournissent aussi une boisson agréable, que l'on appelle poiré. Certains poirés, mis en bouteilles, imitent très-bien le vin de Champagne, et j'ai vu plus d'une personne s'y tromper. On plante souvent quelques poiriers dans les cours, que ces arbres élégants et à tête pyramidale ornent singulièrement. Mais la consommation du poiré est très-restreinte, peut-être à cause de l'action irritante de cette boisson.

Les poires à cidre se distinguent par leur âpreté; mais elles donnent un jus plus sucré que les pommes et fournissent plus d'alcool, parce que dans toutes les boissons fermentées c'est le sucre qui se transforme en alcool.

Le raisin renferme plus de sucre que les autres fruits; il contient en outre diverses substances qui le rendent propre à la fabrication du vin, l'une des plus grandes richesses de la France. Tout Normand que je suis, je reconnais que le vin est supérieur au cidre, quand il est fait avec du raisin bien mûr; mais je préfère de beaucoup le cidre à la détestable piquette qu'on en retire, quand les gelées hâtives forcent les vignerons à vendanger avant la maturité des grappes. C'est la chaleur qui donne la qualité au vin; aussi est-il ordinairement bon dans le Midi. La composition du sol, la nature du plant, l'exposition des vignes, influent aussi beaucoup sur la récolte; ainsi les vins de Champagne jouissent d'une grande réputation, quoique le pays qui les donne ne soit pas plus chaud que ceux dont on n'obtient que de médiocres produits.

Chez nous, la vigne ne réussirait pas; cependant il n'y fait pas plus froid qu'en Champagne. Nous laissons même en pleine terre des plantes qui gèleraient là-bas; mais le voisinage de la mer rendant la température plus égale, si nos hivers sont moins froids, nos étés sont moins chauds, et le raisin y mûrirait mal.

Il faut donc nous contenter du cidre; mais il ne nous est pas défendu de chercher à le faire bon. On le croirait toutefois; car la boisson de la plupart des fermes est faible, acide, a un goût de paille ou de fût, qui, à mon avis, la rend détestable. Avec un peu de précaution, ce désagrément serait évité; et l'on subit pendant toute l'année la peine d'une négligence de quelques jours.

Pour moi, j'ai fait de la vente du cidre une industrie comme on la pratique en basse Normandie; j'y trouve plus d'avantage qu'à transporter à Fécamp les pommes dont je n'ai pas besoin. Mes voisins aiment mieux s'en débarrasser; et comme ils ne fabriquent du cidre que pour eux, ils le fabriquent assez mal.

— Comment faut-il le faire pour qu'il soit bon? demanda Emile.

— Demain, je vous le dirai, mes amis. Ce sera, sans doute, notre dernière leçon, car j'ai reçu ce matin une lettre de votre père, qui me rappelle la promesse faite par Mme Leclerc d'aller passer à Rouen les huit derniers jours des vacances. Je voudrais vous garder encore toute la semaine prochaine; mais mon ami Gérard ne vous laisserait plus revenir, si nous lui manquions de parole. Nous partirons samedi.

XIII.

Léonie et ses frères s'affligeaient la veille encore à l'idée de quitter la ferme; mais quand le jour du départ fut fixé, ils ne songèrent plus qu'au bonheur de revoir leur père, leur mère, et d'emmener M. et Mme Leclerc, qui avaient eu pour eux tant de bontés. De son côté, Marie était enchantée d'aller passer à la ville la fin des vacances, et les deux amies faisaient autant de projets pour cette semaine qu'elles en auraient fait pour une année. C'est un des priviléges de la jeunesse de se réjouir de tout changement et de croire que les heures d'un plaisir qui s'avance n'auront point de fin.

Henri et Emile montèrent à cheval de bon matin; ils voulaient revoir encore une fois les champs, les bois, les villages qu'ils avaient si souvent parcourus. Quand ils rentrèrent, le déjeuner était servi; ils y firent honneur, la course leur ayant donné grand appétit.

— Quel bon cidre ! dit Henri, en buvant avec délices la liqueur fraîche et mousseuse qui remplissait son verre.

— M. Leclerc nous a promis de nous apprendre comment il le fait, dit Emile.

— Je ne vous retiendrai pas longtemps, dit M. Leclerc; vous n'avez plus que deux jours à passer ici, profitez-en; mes chevaux se reposeront quand vous serez partis.

Il est convenu que je ne vous dirai pas comment on fait le mauvais cidre que l'on boit trop souvent, mais comment je le fais.

Les pommes passent d'abord dans la *pilerie*, qui n'en est plus une. Ce nom du pays vient de ce qu'on employait de grandes auges circulaires dans lesquelles roulait une meule de pierre qui écrasait les pommes par compression, les *pilait*. Je me sers de noix portant des sections tranchantes, s'emboîtant l'une sur l'autre. Les pommes sont placées dans une trémie; on met l'appareil en mouvement; elles sont alors lacérées et tombent divisées dans un baquet.

On les transporte sur le pressoir. Cet instrument est composé d'une grande plate-forme à rebords, portant deux vis en fer, le long desquelles glisse un lourd sommier, que l'on peut faire descendre en agissant sur des écrous. Le marc de pommes étant placé en un tas régulier d'une mince épaisseur, on dispose par-dessus un lit de paille longue, ou mieux une toile de crin, et l'on superpose plusieurs couches semblables. On pose sur le tout un ais sur lequel presse le sommier, et on visse les écrous, que l'on fait agir à l'aide d'un long lévier.

Le jus, s'écoulant alors, est recueilli, puis placé dans de grandes cuves posées sur de hauts tréteaux dans la cave : c'est le gros cidre; il ne contient pas d'eau ajoutée, et donne une liqueur très-alcoolique susceptible d'enivrer ceux qui le consomment imprudemment. Cependant il est préféré pour l'exportation, en ce qu'il se conserve bien, et dans les grandes villes, parce qu'il a relativement des droits d'octroi moins élevés, et qu'on peut le couper avec de l'eau.

Si l'on fait macérer les marcs dans une certaine quantité d'eau, on obtient par expression une nouvelle quantité de cidre encore assez coloré et contenant suffisamment d'alcool.

Enfin, un troisième repassage donne un liquide faible, qui a besoin d'être consommé sans retard ou mêlé avec le produit des premiers pressurages.

Quelque parti que l'on prenne, ou de faire fermenter chaque produit à part, ou de les mélanger, il faut toujours suivre le même procédé.

Les jus sont versés dans de grandes cuves. Comme ils contiennent beaucoup de sucre, la fermentation alcoolique se développe bientôt; le cidre *bout*, comme on dit, et il se forme à la surface un amas d'écume épaisse, le chapeau. Les paysans croient généralement que la fermentation en barrique est préférable, en ce que le chapeau qui reste sur le cidre le défend de l'air, et que la lie déposée au fond du tonneau le conserve; leur erreur est très-grande, et la suite de mes explications va vous le montrer.

Pendant que la fermentation s'accomplit, on visite les tonneaux, on les lave à grande eau, et, s'ils ont contracté quelque odeur, avec de l'eau chaude, jusqu'à ce qu'ils l'aient perdue; on les soufre et on les met en chantier.

La fermentation achevée, on laisse écouler le cidre dans les tonneaux, qui sont bien bouchés. Un nouveau travail s'opère au sein du liquide, et il est nécessaire de le soutirer dans d'autres barriques. Alors on verse sur le cidre une légère couche de bonne huile d'olive, et l'on assujettit la bonde avec le plus grand soin. Dans cet état, les tonneaux peuvent être expédiés au loin, sans que le liquide en soit altéré.

Si, au contraire, on conservait le chapeau et la lie, qui contribuent à développer une acidité désagréable, il se ferait pendant le transport un affreux mélange offrant un aspect et un goût des plus repoussants.

Dans quelques fermes (c'est à ne pas y croire!) on est encore persuadé qu'on n'obtient pas de bon cidre avec l'eau des citernes ou des sources, qu'il faut employer l'eau des mares couvertes de lentilles et où le jus du fumier s'écoule. Ces fermiers appartiennent à l'école de ceux qui donnent du purin à leurs bestiaux; ils se traitent comme leurs animaux, et c'est justice.

Le cidre du pays de Caux est léger, sec, et d'une couleur ambrée; il a plus de nerf que le cidre bas normand, mais celui-ci l'emporte par la couleur et le corps. Cependant, il garde souvent une saveur douceâtre qui me fait préférer nos crûs, et j'en parle d'une façon d'autant plus désintéressée que je bois ordinairement de l'eau. On peut lui reprocher une légère tendance à l'acidité, et c'est peut-être là ce qui exerce une action fâcheuse sur les dents cauchoises. Vous avez dû remarquer, en effet, combien les belles dents sont rares chez nous.

Dans son ouvrage sur les épidémies, Lepech de la Cloture attribue cette altération du système dentaire à la soupe et aux pommes cuites mangées trop chaudes. J'inclinerais à croire que notre cidre en est coupable. C'est une raison de plus pour apporter un grand soin dans sa fabrication et pour empêcher le développement d'une acidité nuisible. On y arrive en prenant les précautions que j'ai indiquées et en mélangeant les diverses variétés, de manière à ce que les pommes dures, dites *raiches* en basse Normandie, qui contiennent beaucoup de tannin, soient en assez grande proportion pour assurer la parfaite conservation du cidre.

Il se consomme annuellement, en France, plus de dix millions d'hectolitres de cidre. On en fabrique aussi beaucoup en Angleterre, en Allemagne, en Russie, en Amérique. Notre cidre de Normandie jouit d'une certaine renommée; il la doit au sol et à la nature des pommiers, dont les premiers furent apportés d'Espagne par des marins normands.

Le vin se fabrique à peu près par les mêmes procédés que le cidre. Le raisin, écrasé dans la cuve, y fermente et dégage une grande quantité d'acide carbonique. Quand il se refroidit, on le tire et l'on porte le marc au pressoir; mais on n'y ajoute pas d'eau. La fermentation s'achève dans des tonneaux, qu'on a soin de ne remplir que quand tout travail a cessé. Au printemps, on soutire le vin, pour le séparer de sa lie, et il est alors bon à boire dans certains pays, tandis que dans d'autres il a besoin de vieillir pour acquérir toute sa qualité.

Le vin, le cidre, la bière, en un mot, toutes les boissons fermentées sont utiles, parce qu'elles entretiennent la chaleur du corps, et lui donnent l'énergie nécessaire pour accomplir les travaux auxquels l'homme est assujetti.

Le vin est la boisson fortifiante par excellence; mais il est dangereux d'abuser même des meilleures choses, et je me rappelle ce propos d'un ivrogne au sortir du cabaret : « On dit qu'un verre de vin soutient l'homme ; j'en ai bu plus de douze, et mes jambes ne peuvent plus me porter. »

Toutefois l'ivresse produite par le vin est plus paisible et moins dangereuse que celle qui a pour cause l'abus du liquide si improprement connu sous le nom d'eau-de-vie. On devrait plutôt l'appeler eau-de-mort ou eau-de-feu, comme les sauvages. Cependant, au XIIIe siècle, lorsqu'elle était encore très-rare, et seulement employée à petites doses, sur l'ordre des médecins, le célèbre Arnaud de Villeneuve disait qu'elle méritait d'être appelée eau d'immortalité, parce qu'elle ranimait le cœur, entretenait la jeunesse et prolongeait la vie.

A mon avis, la meilleure de toutes les boissons, c'est l'eau. Mais il faut qu'elle soit bonne. Notre pays est beau, riche et fécond ; mais les sources y sont rares, et vous avez remarqué que pour y suppléer, beaucoup d'habitants creusent des mares dans lesquelles ils conservent l'eau nécessaire à leurs besoins et à ceux de leur bétail.

L'eau contenue dans ces réservoirs, restant exposée à l'influence de l'air et de la lumière, se couvre de lentilles, sorte de végétation aquatique qui bientôt cache la nappe entière. D'autres plantes y croissent; des animaux y naissent, y vivent et y meurent; enfin cette eau réunit des conditions d'insalubrité qui en rendent l'usage nuisible. Il suffit, pour vous en convaincre, de lire ce passage d'un livre ayant pour titre : *Les Eaux potables* :

« Les eaux de mares présentent les plus mauvais caractères, et leur emploi ne saurait être sans danger; car les principes albumineux qu'elles contiennent, de même que tous les matériaux assimilables par l'organisme humain, sont susceptibles de produire de véritables accidents toxiques, lorsqu'ils sont ingérés dans l'estomac, tandis qu'ils sont en voie de décomposition; aussi les populations qui font usage de ces sortes d'eaux, pour boisson surtout, sont-elles sujettes à contracter des maladies dans lesquelles les accidents fébriles intermittents, spéciaux aux affections paludéennes, sont reconnaissables pour l'observateur attentif. Elles sont encore plus redoutables, lorsque, par une sécheresse prolongée, la vaporisation du liquide, les matières albuminoïdes s'y trouvent accumulées en plus grande quantité (1). »

A côté du mal, l'auteur indique le remède. Il conseille de ne se servir des eaux de mares qu'après les avoir fait passer au travers d'un lit de charbon d'os; mais comme il connaît l'indifférence des campagnards pour ce qui touche à l'hygiène, il engage les propriétaires ruraux à établir au moins des mares étroites et profondes faciles à assécher, afin qu'on puisse en enlever les débris organiques; à les entourer d'une végétation luxuriante qui mette, autant que possible, l'eau à l'abri des rayons du soleil, ou à les couvrir, si cela

(1) Eug. MARCHAND. A Paris, chez J.-B. Baillière, 1855.

n'entraînait pas de *dépenses trop considérables.*

Les dépenses, voilà le grand point, et M. Marchand sait sans doute que l'on n'emploie pas souvent son argent en améliorations vraiment utiles; c'est pour cela qu'il se montre si réservé. Pour moi, je dis et je répète à mes voisins : Les mares ne sont bonnes que pour les polissons qui glissent sur la glace pendant l'hiver, au risque de plonger dans l'eau refroidie, ou qui dans l'été s'exposent à s'y noyer pour attraper des têtards et des salamandres. Il faut établir des citernes, et en diriger la construction avec intelligence.

Les matières organiques ne se développant que sous l'influence de la lumière, les citernes doivent être complétement obscures et cependant recevoir l'air extérieur. Ces deux conditions sont faciles à remplir, puisqu'on peut les munir d'un couvercle placé au-dessus du sol et portant sur sa circonférence plusieurs prises d'air dirigées de bas en haut. Les eaux pluviales sont reçues dans un citerneau où l'on a soin de déposer des graviers, qu'elles traversent avant d'arriver au réservoir principal.

Malgré toutes ces précautions, l'eau des citernes nouvellement construites contracte et conserve souvent longtemps une saveur âcre et caustique très-désagréable. M. Girardin a indiqué le moyen de corriger ce grave défaut (1). Il a reconnu qu'il

(1) *Leçons de Chimie*, tome Ier.

suffit d'y jeter du noir animal dans la proportion de quatre kilogrammes environ par hectolitre.

Les citernes, vous le savez, sont alimentées par l'eau de pluie qui tombe sur les toits des bâtiments et se réunit dans des tuyaux disposés à cet effet. L'eau de pluie est très-bonne; cependant, quand il a fait longtemps sec, elle lave les toits chargés de poussière et de débris de toutes sortes, que les vents y ont portés. Il est donc utile de ne pas laisser arriver ainsi dans la citerne une première averse; c'est pourquoi les gens bien avisés n'oublient pas le citerneau, dans lequel l'eau se dépouille des matières étrangères qu'elle avait entraînées.

L'eau n'est presque jamais parfaitement pure, à moins qu'on ne la fasse bouillir et qu'on ne la recueille à l'état de vapeur. C'est ce qu'on appelle de l'eau distillée. Vous avez vu à bord des navires que vous avez visités, dans le port de Rouen, des alambics destinés à distiller l'eau de la mer, et par conséquent à la débarrasser des sels amers qu'elle contient. Grâce à ce procédé, l'équipage et les passagers ne risquent plus de mourir de soif ni d'être mis à la ration, supplice rendu plus cruel par la vue d'une masse d'eau à laquelle on ne pouvait demander aucun soulagement.

Pour que l'eau soit bonne, il faut qu'elle dissolve le savon et cuise bien les légumes secs; si elle ne remplit pas ces conditions, il faut s'en méfier; car elle renferme des substances qui en rendraient l'usage dangereux.

On peut cependant l'adoucir assez pour qu'elle devienne propre au savonnage, en y ajoutant une petite quantité de carbonate de soude. Mais cette addition, ne purgeant pas l'eau des sels ou du plâtre qu'elle contient, ne suffit pas à la rendre salubre.

Certaines eaux possèdent, au contraire, des qualités précieuses ; chargées de substances qui influent heureusement sur la santé, elles font, sous le nom d'eaux minérales, la richesse des pays que la nature en a dotés.

Maintenant, mes amis, je vous laisse. Notre cours est terminé. Je ne me flatte pas d'avoir fait de vous des agriculteurs : il faut pour cela encore plus de pratique que de théorie ; mais je croirai n'avoir pas perdu mon temps si j'ai réussi à vous inspirer de l'estime pour cette profession trop dédaignée, et à vous prouver que la terre est une bonne mère, qui ne manque jamais de récompenser ceux qui lui demandent l'aisance par le travail.

— Nous nous en souviendrons, dit Emile. Mais il y a encore une chose que nous n'oublierons pas : c'est que pour cultiver la terre, il n'est pas inutile d'être savant.

— Le savoir est bon à tout, pourvu qu'il n'enorgueillisse pas celui qui le possède. Mais cela n'est point à craindre pour l'homme des champs; car il voit mieux que tout autre combien de choses il ignore encore. Chaque jour témoin d'une multitude de merveilles qu'il ne peut expliquer, il reconnaît que la nature obéit à un maître tout-puissant, et que si le laboureur jette le grain dans les sillons, c'est Dieu qui fait croître et mûrir les épis.

M. Leclerc se leva; les jeunes gens l'entourèrent et le remercièrent avec effusion de leur avoir fait passer des vacances aussi utiles qu'agréables.

— Je dirai donc à mon ami Gérard que vous ne vous êtes pas trop ennuyés? demanda-t-il.

— Nous lui dirons nous-mêmes, reprit Léonie, que nous n'avons jamais eu tant de plaisir, et peut-être nous indiquera-t-il un moyen de vous prouver notre reconnaissance.

— Vous n'aurez pour cela qu'une chose à faire, répondit M. Leclerc, ce sera de revenir l'année prochaine.

FIN.

Rouen. — Imp. MÉGARD et Ce, rue Saint-Hilaire, 136.

www.ingramcontent.com/pod-product-compliance
Ingram Content Group UK Ltd.
Pitfield, Milton Keynes, MK11 3LW, UK
UKHW020555180726
13838UKWH00001B/258